日新録

（上册）

新华出版社财经图书出版中心 编

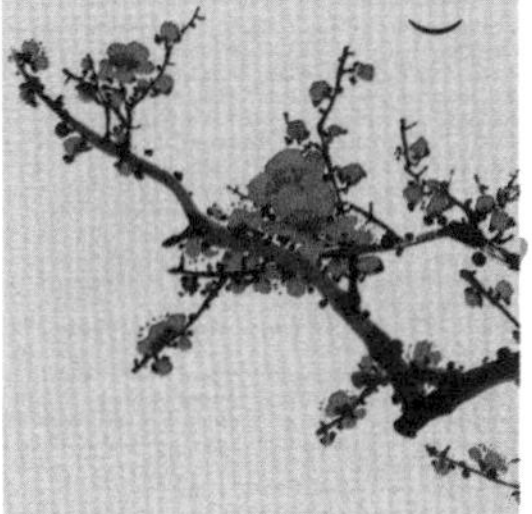

日新録

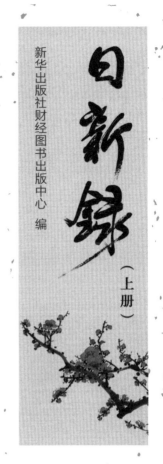

新 华 出 版 社

一月水仙清水养

壹 月

JANUARY

学史可以看成败、鉴得失、知兴替；学诗可以情飞扬、志高昂、人灵秀；学伦理可以知廉耻、懂荣辱、辨是非。

——习近平《习近平谈治国理政》

SUNDAY, JAN 1, 2017
2017年1月1日
星期日

一月一日

元旦

【农历丙申年　腊月初四】

襄啓大研盈尺風韻異常
齋中之華縣是而至花盆
亦佳品感芳厚意以珪易

邦若用商於六里則可真則
趙璧難捨尚未決之更須
面議也

襄
上

堯猷坐下

昔閏月甲辰

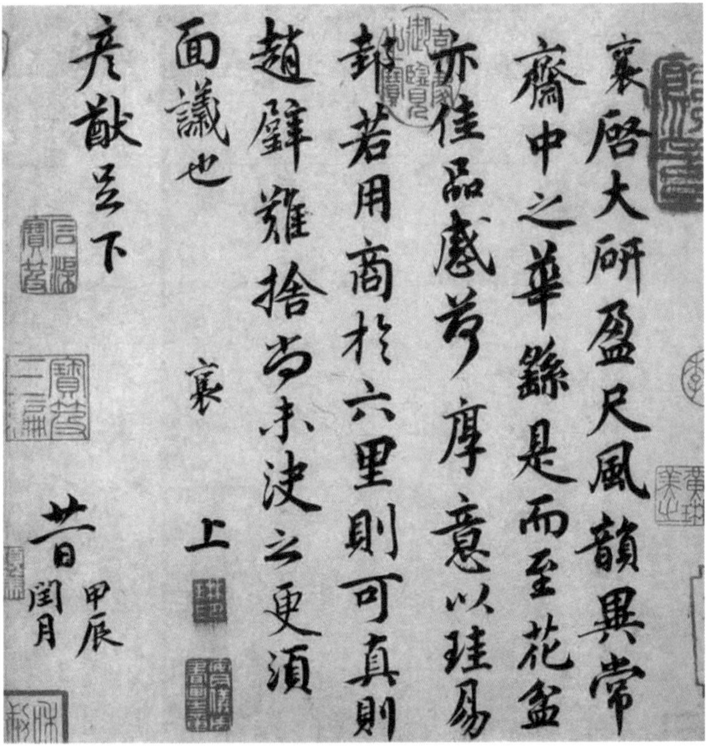

宋·蔡襄　大研帖

MONDAY, JAN 2, 2017
2017年1月2日
星期一

一月二日

【农历丙申年　腊月初五】

周虽旧邦，其命维新。

——《诗经·大雅·文王》

TUESDAY, JAN 3, 2017
2017年 1月3日
星期二

一月三日

【农历丙申年　腊月初六】

［法］巴斯蒂昂·勒帕热　　垛草

WEDNESDAY, JAN 4, 2017
2017年 1月4日
星期三

一月四日

【农历丙申年　腊月初七】

【农历丙申年】

小寒

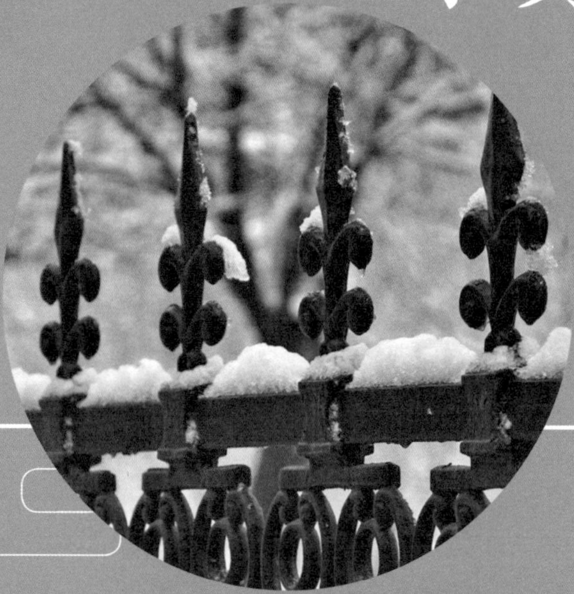

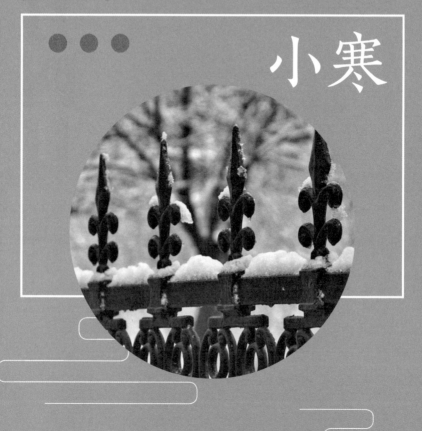

THURSDAY, JAN 5, 2017
2017年1月5日
星期四

一月五日

小寒

【农历丙申年　腊月初八】

克明俊德，以亲九族。九族既睦，平章百姓。百姓昭明，协和万邦。

——《尚书·尧典》

FRIDAY, JAN 6, 2017
2017年1月6日
星期五

一月六日

【农历丙申年　腊月初九】

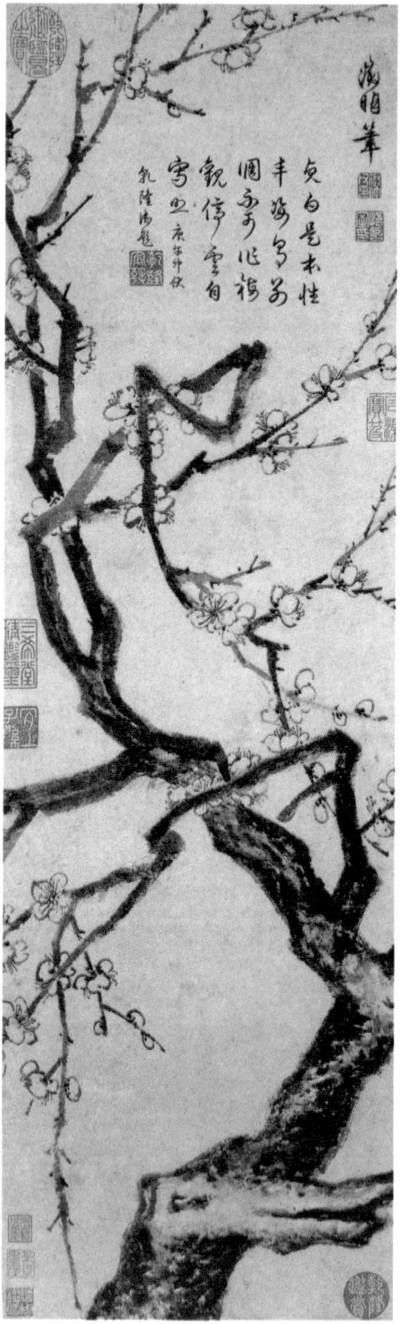

明·文徵明　　冰姿倩影图

SATURDAY, JAN 7, 2017
2017年 1月7日
星期六

一月七日

【农历丙申年　腊月初十】

民亦劳止，汔可小康。

——《诗经·大雅·民劳》

SUNDAY, JAN 8, 2017
2017年 1月8日
星期日

一月八日

【农历丙申年　腊月十一】

东汉·蔡邕　　定策帷幕有，安社稷之勋（刻本）

MONDAY, JAN 9, 2017
2017年1月9日
星期一

一月九日

【农历丙申年　腊月十二】

穷则变，变则通，通则久。

——《周易·系辞》

TUESDAY, JAN 10, 2017
2017年 1月10日

星期二

一月十日

【农历丙申年　腊月十三】

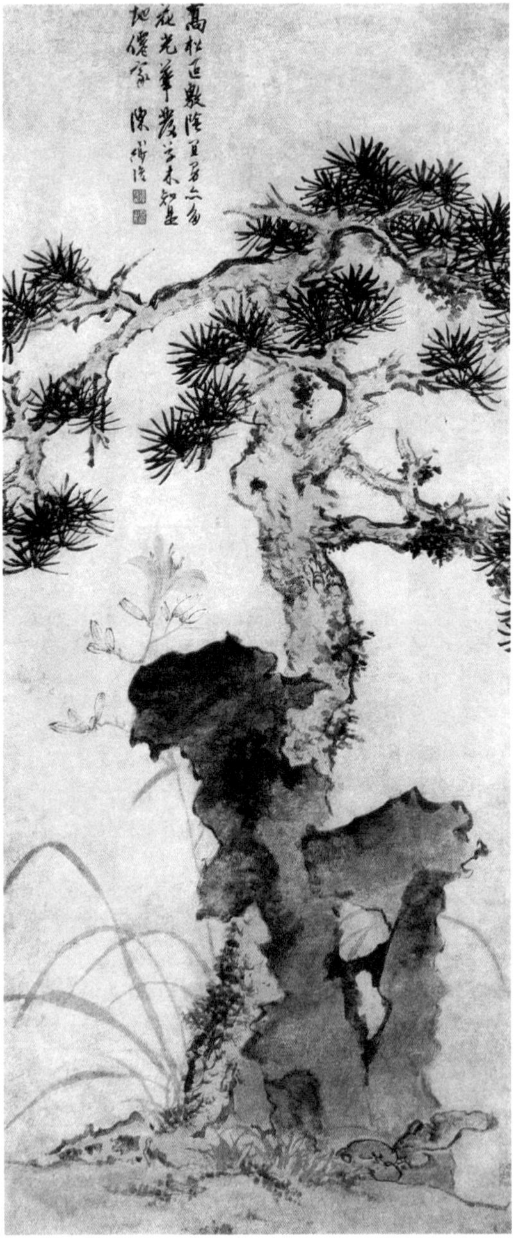

明 · 陈淳　　松石萱花图

WEDNESDAY, JAN 11, 2017
2017年1月11日
星期三

一月十一日

【农历丙申年　腊月十四】

天行健，君子以自强不息；

地势坤，君子以厚德载物。

——《周易·乾·象》

THURSDAY, JAN 12, 2017
2017年 1月12日
星期四

一月十二日

【农历丙申年　腊月十五】

［法］柯罗　　珍珠女郎

FRIDAY, JAN 13, 2017
2017年1月13日
星期五

一月十三日

【农历丙申年　腊月十六】

殷鉴不远

——《诗经·大雅·荡》

SATURDAY, JAN 14, 2017
2017年1月14日
星期六

一月十四日

【农历丙申年　腊月十七】

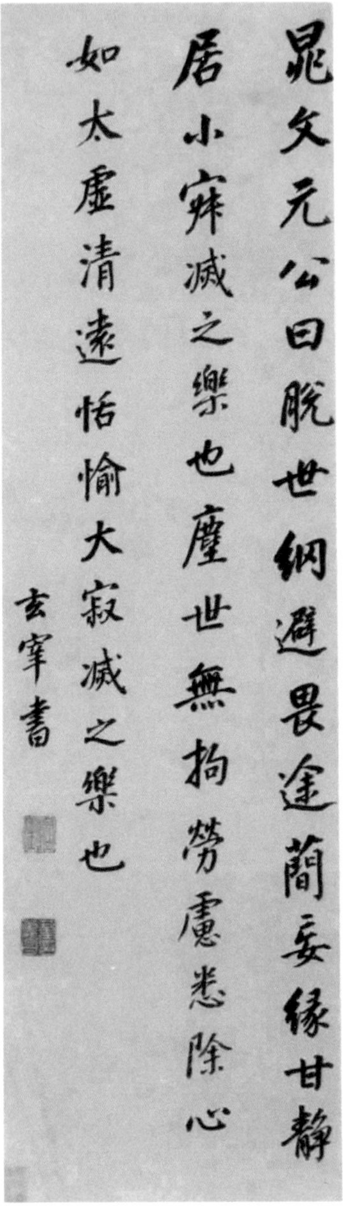
晁文元公曰脱世網避畏途蕳妄緣甘靜
居小寐滅之樂也塵世無拘勞慮悉除心
如太虛清遠恬愉大寂滅之樂也
玄宰書

明・董其昌　　晁文公语轴

SUNDAY, JAN 15, 2017
2017年1月15日
星期日

一月十五日

【农历丙申年　腊月十八】

他山之石，可以攻玉。

——《诗经·小雅·鹤鸣》

MONDAY, JAN 16, 2017
2017年 1月16日
星期一

一月十六日

【农历丙申年　腊月十九】

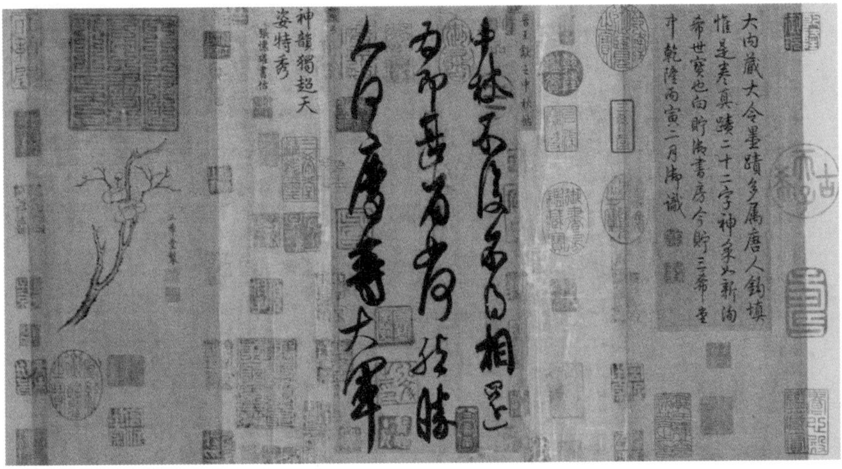

东晋·王献之　　中秋帖（局部）

TUESDAY, JAN 17, 2017
2017年1月17日

星期二

一月十七日

【农历丙申年　腊月二十】

王曰：『呜呼！凡我有官君子，钦乃攸司，慎乃出令，令出惟行，弗惟反。以公灭私，民其允怀。学古入官，议事以制，政乃不迷。……戒尔卿士，功崇惟志，业广惟勤，惟克果断，乃罔后艰。……』

——《尚书·周书·周官》

WEDNESDAY, JAN 18, 2017
2017年1月18日
星期三

一月十八日

【农历丙申年　腊月廿一】

[意] 波提切利　　维纳斯的诞生

THURSDAY, JAN 19, 2017
2017年 1月19日
星期四

一月十九日

【农历丙申年　腊月廿二】

【农历丙申年】

大寒

FRIDAY, JAN 20, 2017
2017年1月20日
星期五

一月二十日

小年　大寒

【农历丙申年　腊月廿三】

子曰：『其身正，不令而行；其身不正，虽令不从。』

——《论语·子路》

SATURDAY, JAN 21, 2017
2017年1月21日
星期六

一月二十一日

【农历丙申年　腊月廿四】

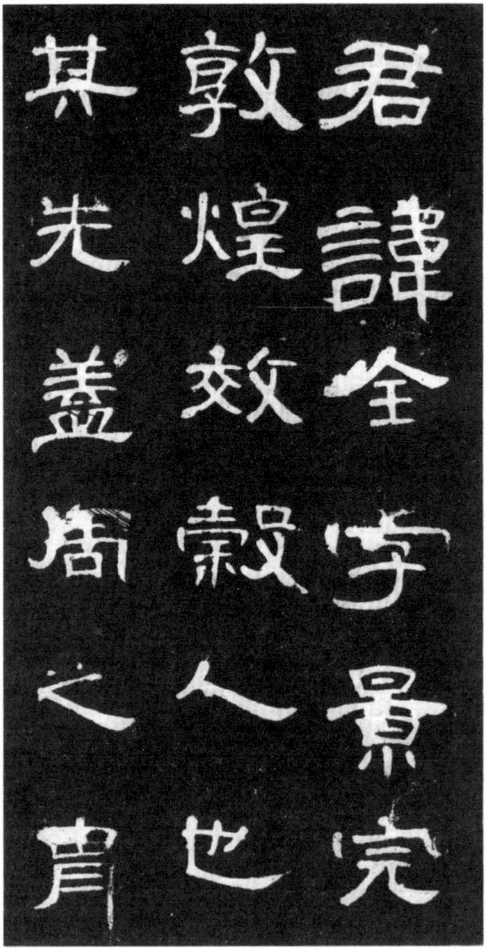
君諱全字景完
敦煌效穀人也
其先蓋周之胄

东汉　　曹全碑

SUNDAY, JAN 22, 2017
2017年1月22日

星期日

一月二十二日

【农历丙申年　腊月廿五】

善不积，不足以成名；
恶不积，不足以灭身。

——《周易·系辞下》

MONDAY, JAN 23, 2017
2017年 1月23日
星期一

一月二十三日

【农历丙申年　腊月廿六】

清·钱惠安　　烹茶洗砚图

TUESDAY, JAN 24, 2017
2017年1月24日
星期二

一月二十四日

【农历丙申年　腊月廿七】

季康子问政于孔子。孔子对曰：

『政者，正也。子帅以正，孰敢不正？』

——《论语·颜渊》

WEDNESDAY, JAN 25, 2017
2017年 1月25日
星期三

一月二十五日

【农历丙申年　腊月廿八】

[意] 波提切利　　春

THURSDAY, JAN 26, 2017
2017年 1月26日
星期四

一月二十六日

【农历丙申年　腊月廿九】

子曰：『见善如不及，见不善如探汤。吾见其人矣，吾闻其语矣。隐居以求其志，行义以达其道。吾闻其语矣，未见其人也。』

——《论语·季氏》

FRIDAY, JAN 27, 2017
2017年1月27日
星期五

一月二十七日

除夕

【农历丙申年　腊月三十】

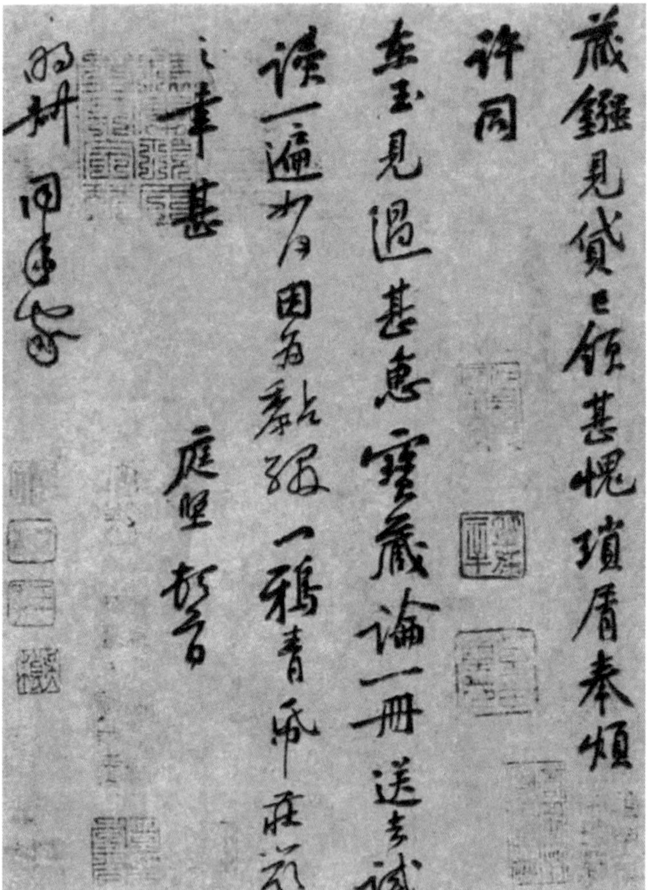

宋·黄庭坚　　致明叔同年尺牍（局部）

SATURDAY, JAN 28, 2017
2017年1月28日
星期六

一月二十八日

春节

【农历丁酉年　正月初一】

道之以政，齐之以刑，民免而无耻；道之以德，齐之以礼，有耻且格。

——《论语·为政》

SUNDAY, JAN 29, 2017
2017年1月29日
星期日

一月二十九日

【农历丁酉年　正月初二】

明·李在　　琴高乘鲤图

MONDAY, JAN 30, 2017
2017年1月30日
星期一

一月三十日

【农历丁酉年　正月初三】

为政以德，譬如北辰，

居其所而众星共之。

——《论语·为政》

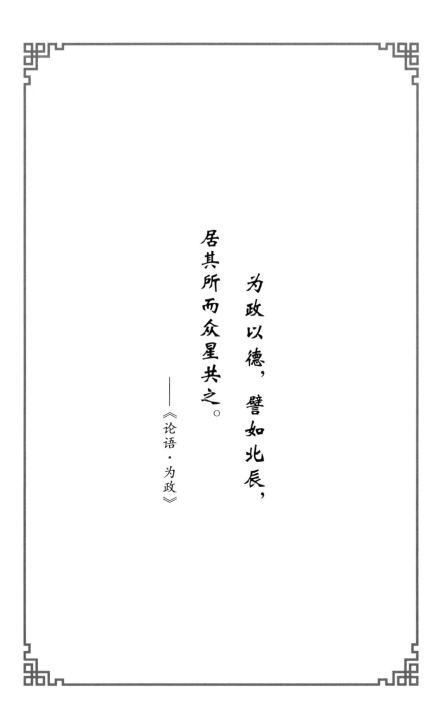

TUESDAY, JAN 31, 2017
2017年1月31日
星期二

一月三十一日

【农历丁酉年　正月初四】

二月杏花伸出墙

贰 月

FEBRUARY

[意] 达·芬奇　　蒙娜丽莎

WEDNESDAY, Feb 1, 2017
2017年2月1日
星期三

二月一日

【农历丁酉年　正月初五】

无稽之言勿听，弗询之谋勿庸。

——《尚书·大禹谟》

THURSDAY, Feb 2, 2017
2017年2月2日

星期四

二月二日

【农历丁酉年　正月初六】

【农历丁酉年】

立春

FRIDAY, Feb 3, 2017
2017年2月3日
星期五

二月三日

立春

【农历丁酉年　正月初七】

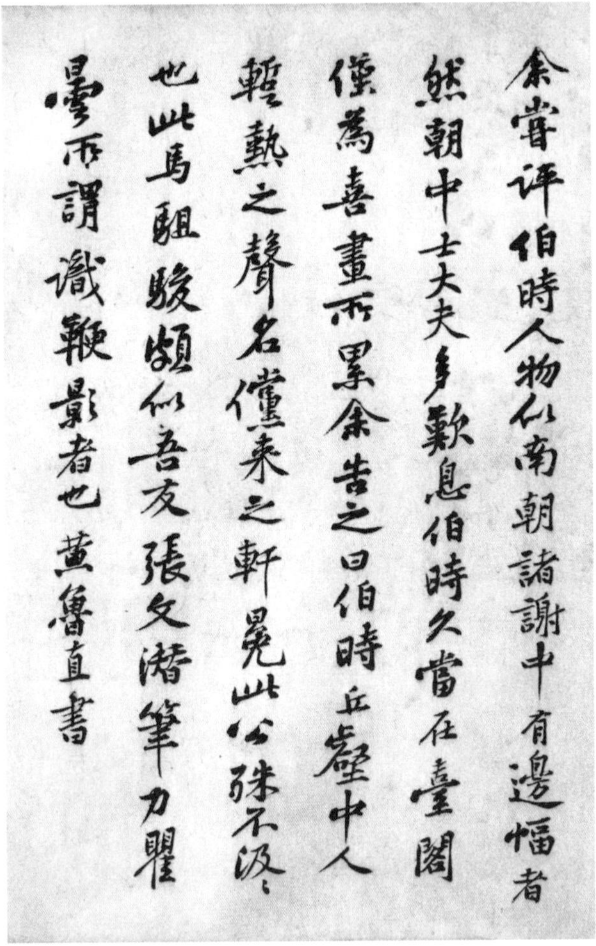

余嘗評伯時人物似南朝諸謝中有邊幅者
然朝中士大夫多歎息伯時久當在臺閣
僕爲喜畫所累余告之曰伯時丘壑中人
暫熱之聲名儻來之軒冕此公殊不汲汲
也此馬駔駿頗似吾友張文潛筆力瞿
曇所謂識鞭影者也 黃魯直書

宋·黄庭坚　　李公麟《五马图卷》（跋文）

SATURDAY, Feb 4, 2017
2017年2月4日
星期六

二月四日

【农历丁酉年　正月初八】

岁寒，然后知松柏之后凋也。

——《论语·子罕》

SUNDAY, Feb 5, 2017
2017年2月5日
星期日

二月五日

【农历丁酉年　正月初九】

范中立別
號寬陜西
華原人
上以茲畫特
賜 內閣大學
士商丘
宋公玄平先
生畫之博大
奇奥气骨玄
邈用荊關董
巨運之一機而
靈韻雄邁允
為古今第一
佗如薄淺单
隘小小脊致譬
莒邾小國本非
坫壇盟長
公以第一流人
錫天下第一畫
懋昭道德勳
業對揚
休命真博大亦
可知已

宋・范宽　　雪景寒林图

MONDAY, Feb 6, 2017
2017年2月6日
星期一

二月六日

【农历丁酉年　正月初十】

德不孤，必有邻。

——《论语·里仁》

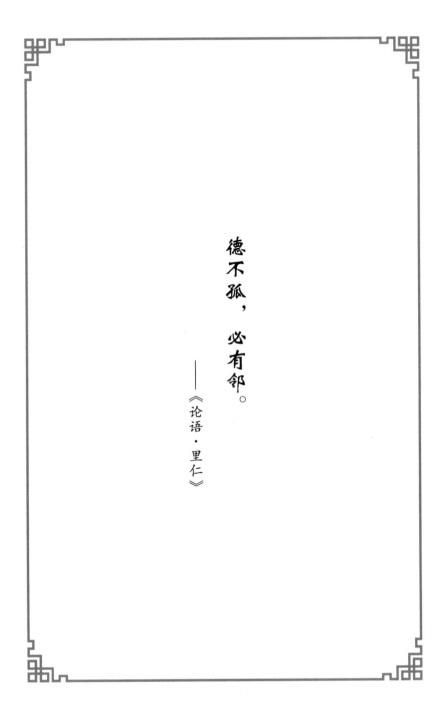

TUESDAY, Feb 7, 2017
2017年2月7日
星期二

二月七日

【农历丁酉年　正月十一】

［荷］勃鲁盖尔　　雪中猎人

WEDNESDAY, Feb 8, 2017
2017年2月8日

星期三

二月八日

【农历丁酉年　正月十二】

人而无信，不知其可也。

——《论语·为政》

THURSDAY, Feb 9, 2017
2017年2月9日
星期四

二月九日

【农历丁酉年　正月十三】

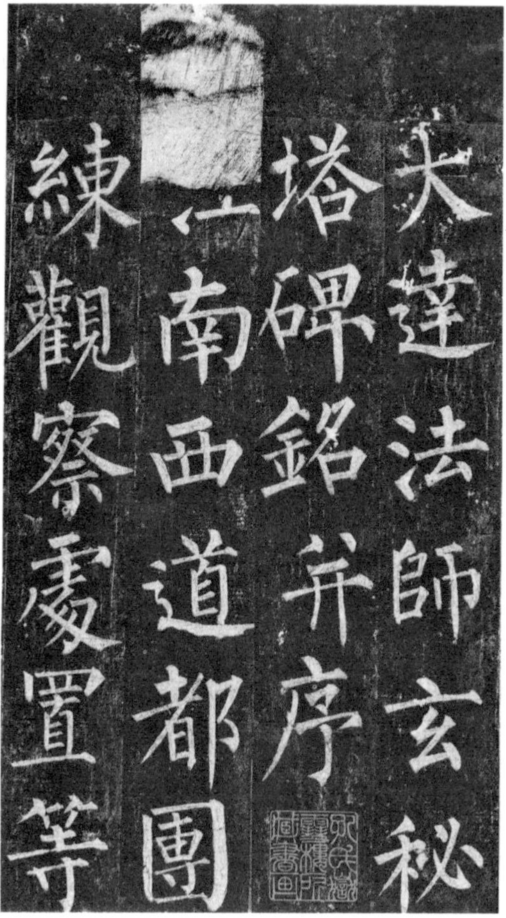
大達法師玄秘
塔碑銘幷序
南西道都團
練觀察處置等

唐·柳公权　　玄秘塔碑（局部）

FRIDAY, Feb 10, 2017
2017年2月10日
星期五

二月十日

【农历丁酉年　正月十四】

东风夜放花千树。更吹落、星如雨。宝马雕车香满路。凤箫声动，玉壶光转，一夜鱼龙舞。

蛾儿雪柳黄金缕。笑语盈盈暗香去。众里寻他千百度。蓦然回首，那人却在，灯火阑珊处。

——［宋］辛弃疾《青玉案·元夕》

SATURDAY, Feb 11, 2017
2017年2月11日
星期六

二月十一日

元宵

【农历丁酉年　正月十五】

五代·巨然　　秋山问道图

SUNDAY, Feb 12, 2017
2017年2月12日
星期日

二月十二日

【农历丁酉年　正月十六】

见贤思齐焉，见不贤而内自省也。

——《论语·里仁》

MONDAY, Feb 13, 2017
2017年2月13日
星期一

二月十三日

【农历丁酉年　正月十七】

［法］达维特　　拿破仑穿越阿尔卑斯山

TUESDAY, Feb 14, 2017
2017年2月14日
星期二

二月十四日

情人节

【农历丁酉年　正月十八】

工欲善其事，必先利其器。

——《论语·卫灵公》

WEDNESDAY, Feb 15, 2017
2017年2月15日
星期三

二月十五日

【农历丁酉年　正月十九】

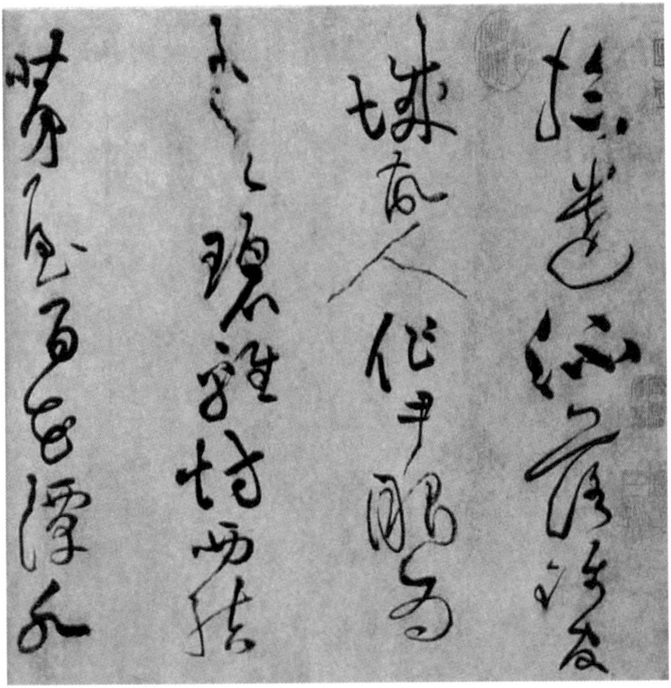

宋·黄庭坚　　浣花溪图引（局部）

THURSDAY, Feb 16, 2017
2017年2月16日
星期四

二月十六日

【农历丁酉年　正月二十】

士不可以不弘毅，
任重而道远。
——《论语·泰伯》

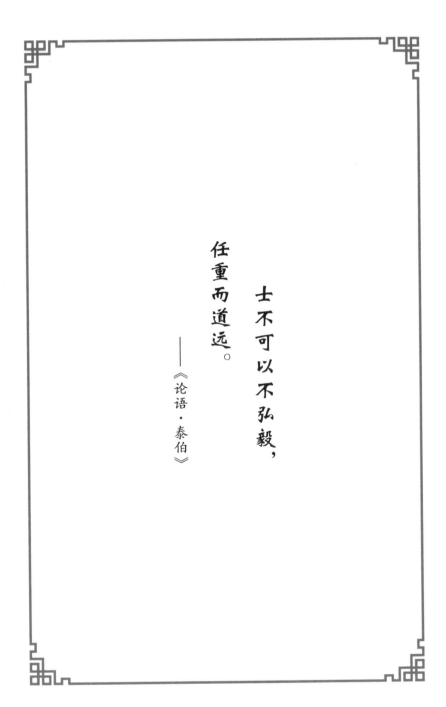

FRIDAY, Feb 17, 2017
2017年2月17日
星期五

二月十七日

【农历丁酉年　正月廿一】

【农历丁酉年】

雨水

SATURDAY, Feb 18, 2017
2017年2月18日
星期六

二月十八日

雨水

【农历丁酉年 正月廿二】

地行不
識名和不
蹈大和
陽一
高陽應
酒遭
毫褪壺
仙宴罷
沐滴襟
袖尚穢
糊唐窟

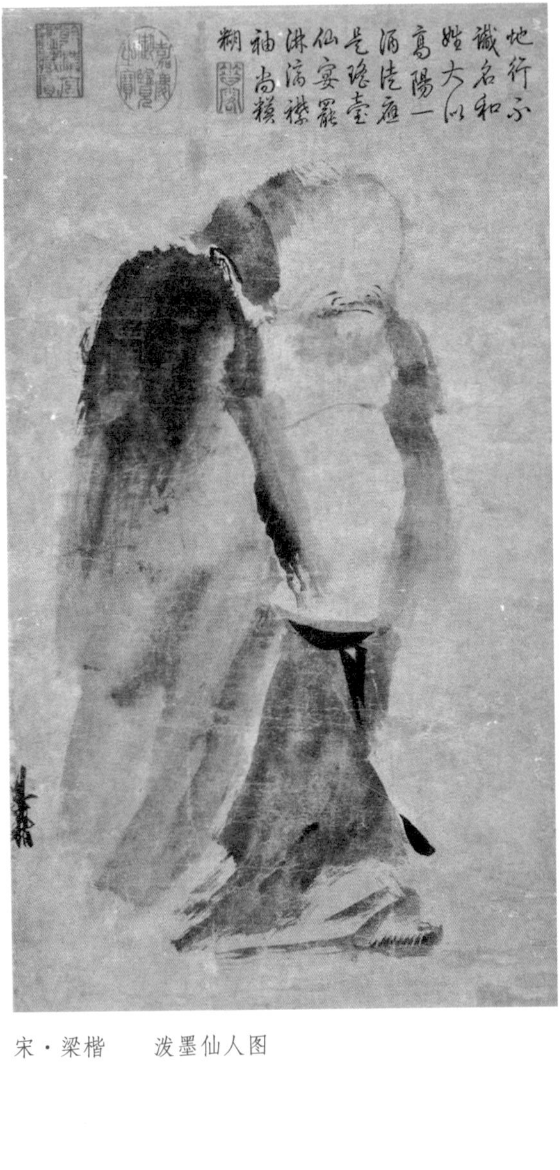

宋·梁楷　泼墨仙人图

SUNDAY, Feb 19, 2017
2017年2月19日
星期日

二月十九日

【农历丁酉年　正月廿三】

好而知其恶，恶而知其美。

——《礼记·大学》

MONDAY, Feb 20, 2017
2017年2月20日
星期一

二月二十日

【农历丁酉年　正月廿四】

［荷］梵高　　麦田

TUESDAY, Feb 21, 2017
2017年2月21日
星期二

二月二十一日

【农历丁酉年　正月廿五】

凡事预则立，不预则废。

——《礼记·中庸》

WEDNESDAY, Feb 22, 2017
2017年2月22日
星期三

二月二十二日

【农历丁酉年　正月廿六】

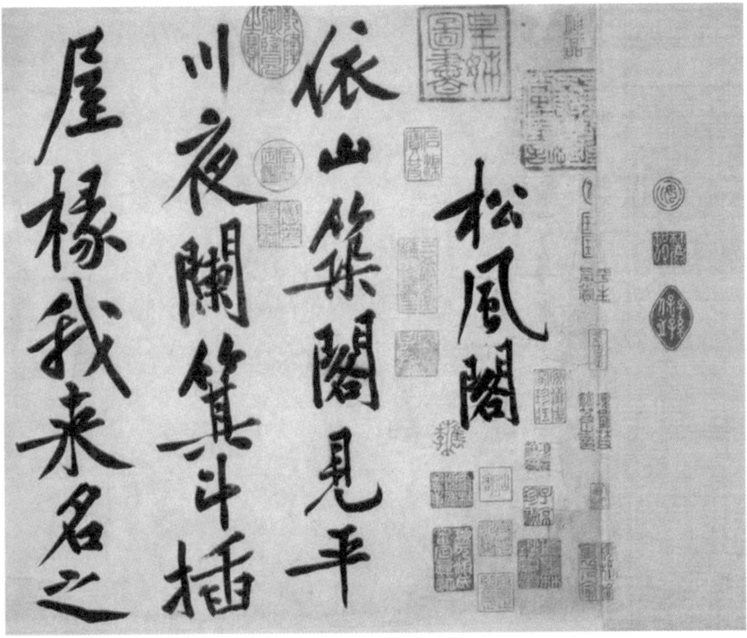

宋·黄庭坚　　自书松风阁诗卷（局部）

THURSDAY, Feb 23, 2017
2017年2月23日
星期四

二月二十三日

【农历丁酉年　正月廿七】

苟日新，日日新，又日新。

——《礼记·大学》

FRIDAY, Feb 24, 2017
2017年2月24日
星期五

二月二十四日

【农历丁酉年　正月廿八】

元·赵原　　晴川送客图

SATURDAY, Feb 25, 2017
2017年2月25日
星期六

二月二十五日

【农历丁酉年　正月廿九】

得道者多助，失道者寡助。寡助之至，亲戚畔之；多助之至，天下顺之。

——《孟子·公孙丑下》

SUNDAY, Feb 26, 2017
2017年2月26日
星期日

二月二十六日

【农历丁酉年　二月初一】

［意］达·芬奇　　岩间圣母

MONDAY, Feb 27, 2017
2017年2月27日
星期一

二月二十七日

【农历丁酉年　二月初二】

被之僮僮，夙夜在公。

——《诗经·召南·采蘩》

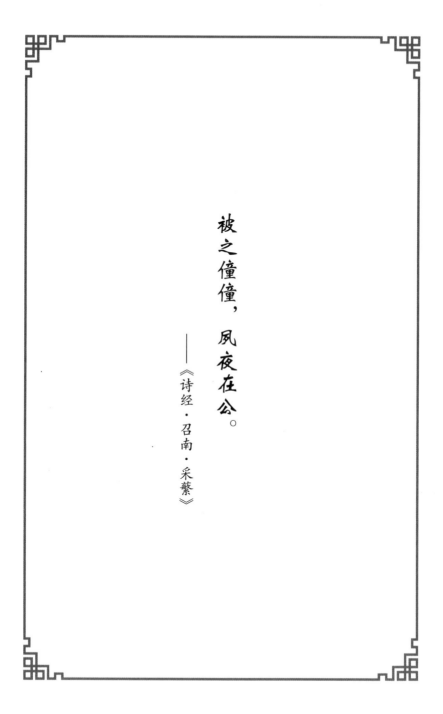

TUESDAY, Feb 28, 2017
2017年2月28日
星期二

二月二十八日

【农历丁酉年　二月初三】

三月桃花红艳艳

叁 月

MARCH

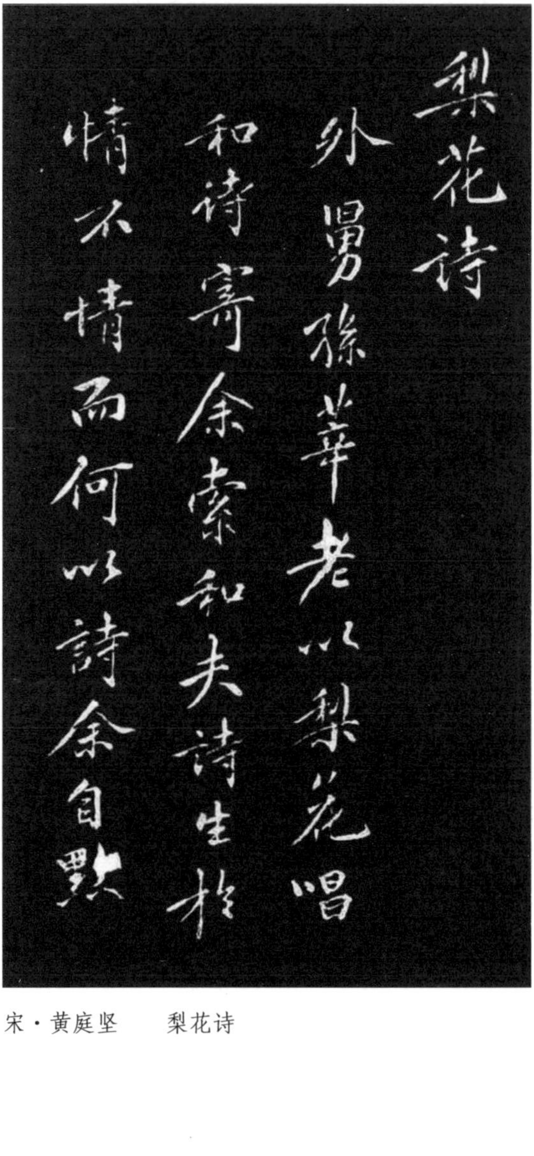
梨花诗
外甥孫華老以梨花唱
和詩寄余索和夫詩生於
情不情而何以詩余自默

宋·黄庭坚　　梨花诗

WEDNESDAY, Mar 1, 2017
2017年3月1日
星期三

三月一日

【农历丁酉年　二月初四】

温、良、恭、俭、让。

——《论语·学而》

THURSDAY, Mar 2, 2017
2017年3月2日
星期四

三月二日

【农历丁酉年　二月初五】

清·何煜　　仙天百寿图

FRIDAY, Mar 3, 2017
2017年3月3日
星期五

三月三日

【农历丁酉年　二月初六】

祸莫大于不知足，咎莫大于欲得。

故知足之足，常足矣。

——《老子·第四十六章》

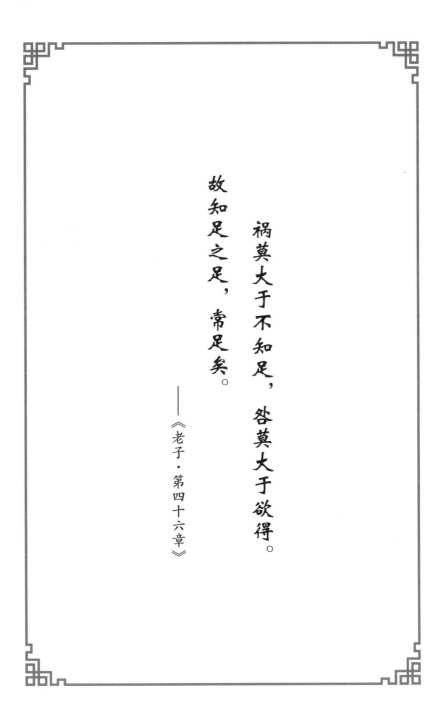

SATURDAY, Mar 4, 2017
2017年3月4日
星期六

三月四日

【农历丁酉年　二月初七】

【农历丁酉年】

惊蛰

SUNDAY, Mar 5, 2017
2017年3月5日
星期日

三月五日

惊蛰

【农历丁酉年　二月初八】

［荷］霍贝玛　　林荫道

MONDAY, Mar 6, 2017
2017年3月6日
星期一

三月六日

【农历丁酉年　二月初九】

古之欲明明德于天下者，先治其国；欲治其国者，先齐其家；欲齐其家者，先修其身；欲修其身者，先正其心；欲正其心者，先诚其意；欲诚其意者，先致其知。致知在格物。物格而后知至，知至而后意诚，意诚而后心正，心正而后身修，身修而后家齐，家齐而后国治，国治而后天下平。

——《礼记·大学》

TUESDAY, Mar 7, 2017
2017年3月7日
星期二

三月七日

【农历丁酉年　二月初十】

自我来黄州　已過三寒
食　年年欲惜春　春不
容惜今年又苦雨　两月秋
萧瑟　卧闻海棠花　泥汙
燕支雪闇中偷負
去夜半真有力何殊
年子病起頭已白

春江欲入户雨勢來
不已　小屋如渔舟　濛濛
水雲裏　空庖煮寒菜
破竈燒溼葦　那
知是寒食　但見烏
銜纸　君門深九重
墳墓在萬里也擬
哭途窮　死灰吹不
起

右黄州寒食二首

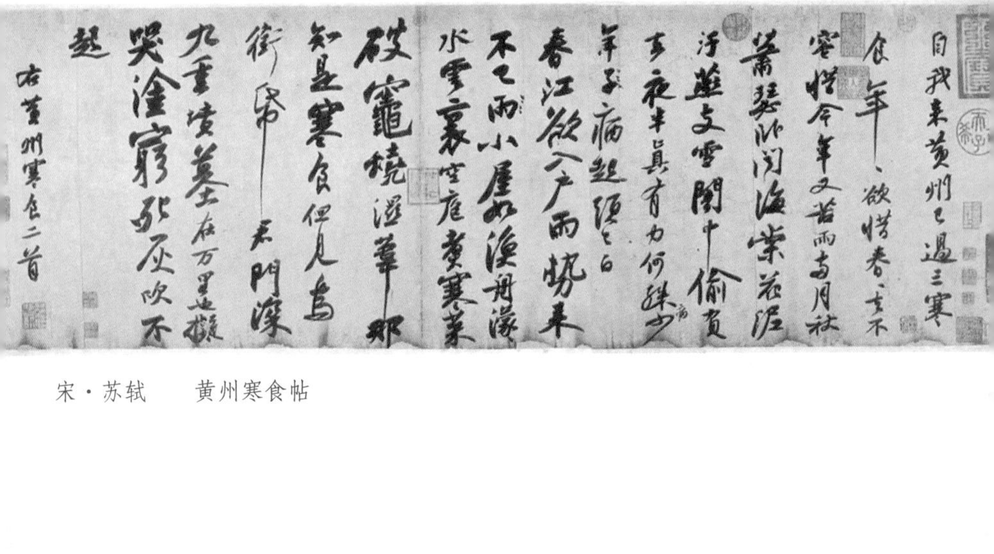

宋·苏轼　黄州寒食帖

WEDNESDAY, Mar 8, 2017
2017年3月8日
星期三

三月八日

国际妇女节

【农历丁酉年　二月十一】

祸兮福所倚，福兮祸所伏。

——《老子》

THURSDAY, Mar 9, 2017
2017年3月9日
星期四

三月九日

【农历丁酉年　二月十二】

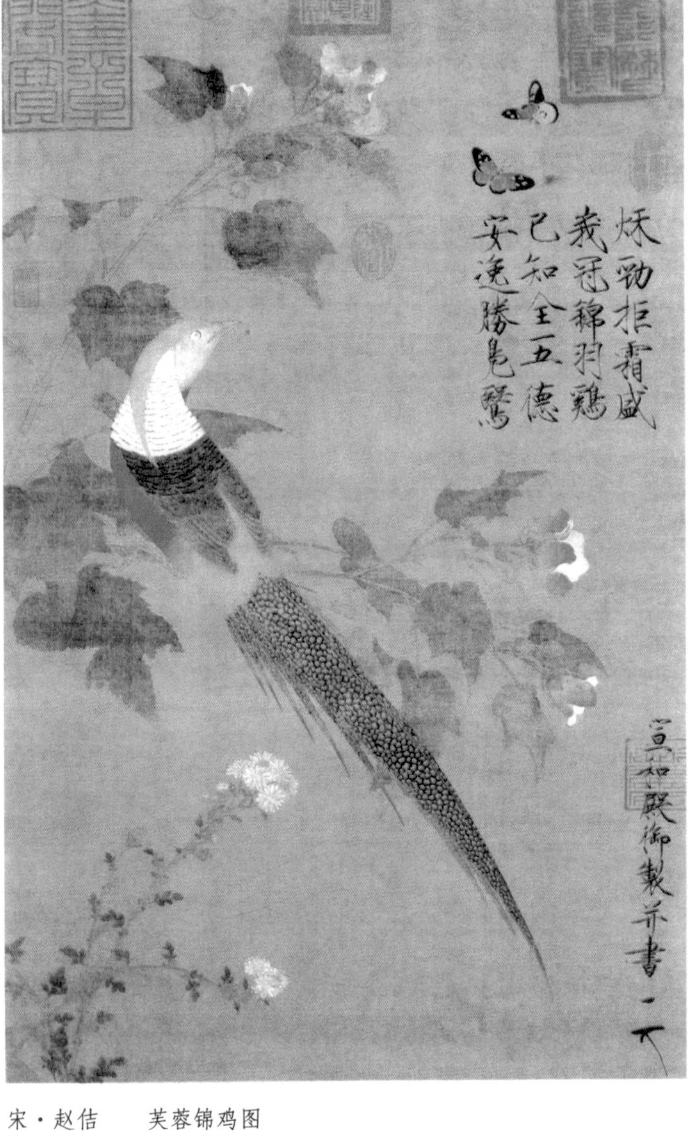
秌勁拒霜盛
峩冠錦羽雞
已知全五德
安逸勝鳧鷖
宣和殿御製并書

宋 · 赵佶　　芙蓉锦鸡图

FRIDAY, Mar 10, 2017
2017年3月10日
星期五

三月十日

【农历丁酉年　二月十三】

忠信，礼之本也；义理，礼之文也。

——《礼记·礼器》

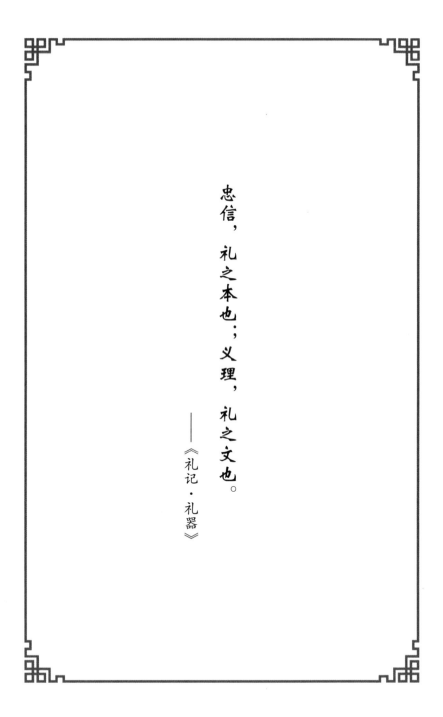

SATURDAY, Mar 11, 2017
2017年3月11日

星期六

三月十一日

【农历丁酉年　二月十四】

[荷] 哈尔斯　　吉普赛女郎

SUNDAY, Mar 12, 2017
2017年3月12日
星期日

三月十二日

植树节

【农历丁酉年　二月十五】

有过必悛，有不善必惧。

——《国语·楚语下》

MONDAY, Mar 13, 2017
2017年3月13日
星期一

三月十三日

【农历丁酉年　二月十六】

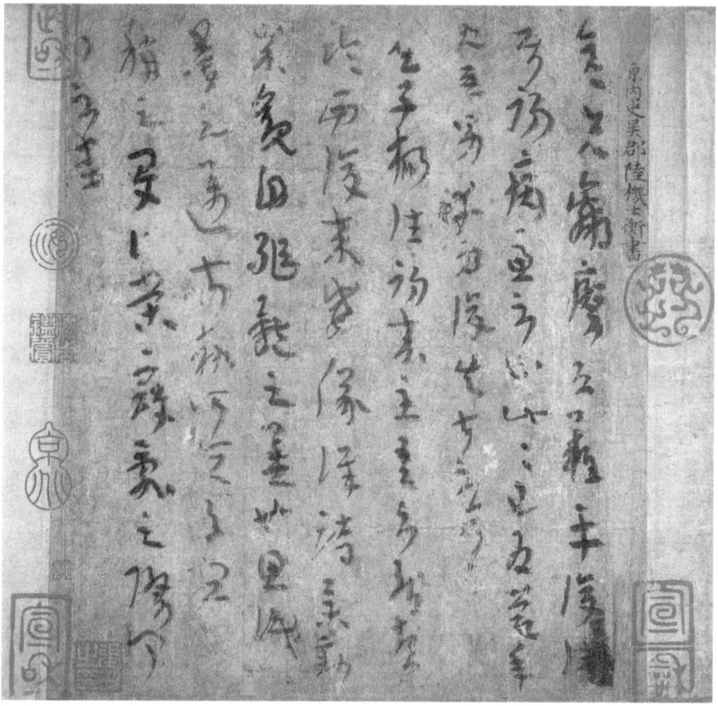

晋·陆机　　平复帖

TUESDAY, Mar 14, 2017
2017年3月14日
星期二

三月十四日

【农历丁酉年　二月十七】

君子之接如水，小人之接如醴。

——《礼记·表记》

WEDNESDAY, Mar 15, 2017
2017年3月15日
星期三

三月十五日

【农历丁酉年　二月十八】

吾鄉龔御史田居先生家有辛貢粉梅丁處士鈍丁家有王冕紅梅皆元時高流妙筆
今用二老之法畫于一幅中白白朱朱恍然置身在水邊林下也冉冉冷香伊誰聞之
板堂先生大雅清賞
七十三翁杭郡金農記

清·金农　　红绿梅花图

THURSDAY, Mar 16, 2017
2017年3月16日
星期四

三月十六日

【农历丁酉年　二月十九】

夫兵形象水，水之形，避高而趋下；兵之形，避实而击虚。水因地而制流，兵因敌而制胜。故兵无常势，水无常形；能因敌变化而取胜者，谓之神。故五行无常胜，四时无常位，日有短长，月有死生。

——《孙子兵法·虚实第六》

FRIDAY, Mar 17, 2017
2017年3月17日
星期五

三月十七日

【农历丁酉年　二月二十】

［荷］梵高　　向日葵

SATURDAY, Mar 18, 2017
2017年3月18日
星期六

三月十八日

【农历丁酉年　二月廿一】

天地不仁，以万物为刍狗；圣人不仁，以百姓为刍狗。天地之间，其犹橐籥乎？虚而不屈，动而愈出。多言数穷，不如守中。

——《老子·第五章》

SUNDAY, Mar 19, 2017
2017年3月19日
星期日

三月十九日

【农历丁酉年　二月廿二】

【农历丁酉年】

春分

MONDAY, Mar 20, 2017
2017年3月20日
星期一

三月二十日

春分

【农历丁酉年　二月廿三】

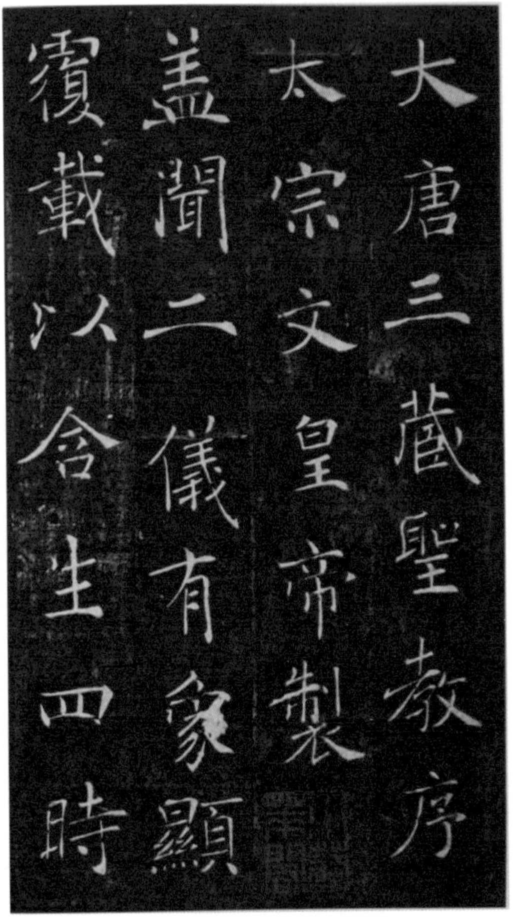
大唐三藏聖教序
太宗文皇帝製
蓋聞二儀有象顯
覆載以含生四時

唐・褚遂良　雁塔圣教序（局部）

TUESDAY, Mar 21, 2017
2017年3月21日
星期二

三月二十一日

【农历丁酉年　二月廿四】

穷则独善其身，达则兼济天下。

——《孟子·尽心上》

WEDNESDAY, Mar 22, 2017
2017年3月22日
星期三

三月二十二日

【农历丁酉年　二月廿五】

明·徐渭　　榴实图

THURSDAY, Mar 23, 2017
2017年3月23日
星期四

三月二十三日

【农历丁酉年　二月廿六】

知人者智，自知者明；胜人者有力，自胜者强；知足者富，强行者有志；不失其所者久，死而不亡者寿。

——《老子·第三十三章》

FRIDAY, Mar 24, 2017
2017年3月24日
星期五

三月二十四日

【农历丁酉年　二月廿七】

［法］马奈　　吹笛子的少年

SATURDAY, Mar 25, 2017
2017年3月25日
星期六

三月二十五日

【农历丁酉年　二月廿八】

爱人者，人恒爱之；

敬人者，人恒敬之。

——《孟子·离娄下》

SUNDAY, Mar 26, 2017
2017年3月26日
星期日

三月二十六日

【农历丁酉年　二月廿九】

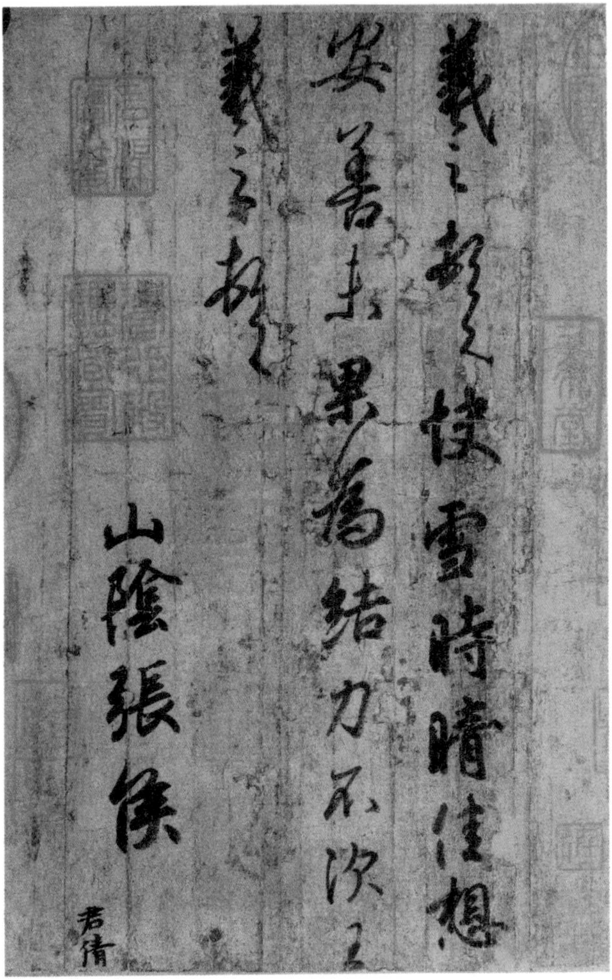

晋·王羲之　　快雪时晴帖（局部）

MONDAY, Mar 27, 2017
2017年3月27日
星期一

三月二十七日

【农历丁酉年　二月三十】

甚爱必大费；多藏必厚亡。故知足不辱，知止不殆，可以长久。

——《老子·第四十四章》

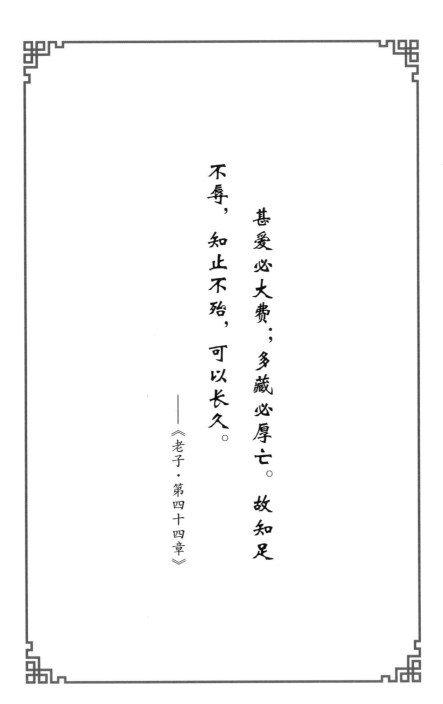

TUESDAY, Mar 28, 2017
2017年3月28日
星期二

三月二十八日

【农历丁酉年　三月初一】

元·倪瓒　　枫落吴江图

WEDNESDAY, Mar 29, 2017
2017年3月29日
星期三

三月二十九日

【农历丁酉年　三月初二】

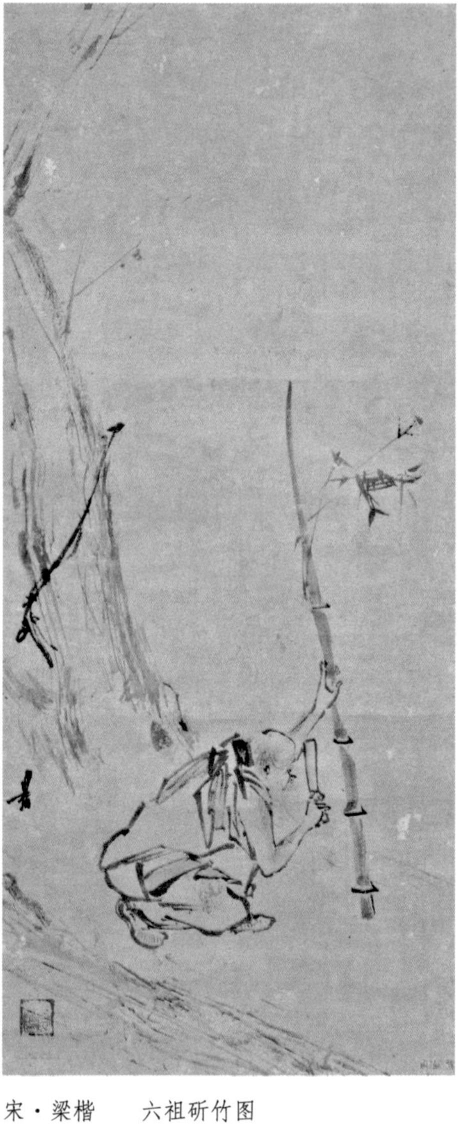

宋·梁楷　　六祖斫竹图

THURSDAY, Mar 30, 2017
2017年3月30日

星期四

三月三十日

【农历丁酉年　三月初三】

［法］米勒　　拾穗者

FRIDAY, Mar 31, 2017
2017年3月31日
星期五

三月三十一日

【农历丁酉年　三月初四】

四月杜鹃满山冈

肆 月

APRIL

合抱之木，生于毫末；九层之台，起于累土；千里之行，始于足下。为者败之，执者失之。是以圣人无为，故无败；无执，故无失。民之从事，常于几成而败之。慎终如始，则无败事。

——《老子·第六十四章》

SATURDAY, Apr 1, 2017
2017年4月1日
星期六

四月一日

【农历丁酉年　三月初五】

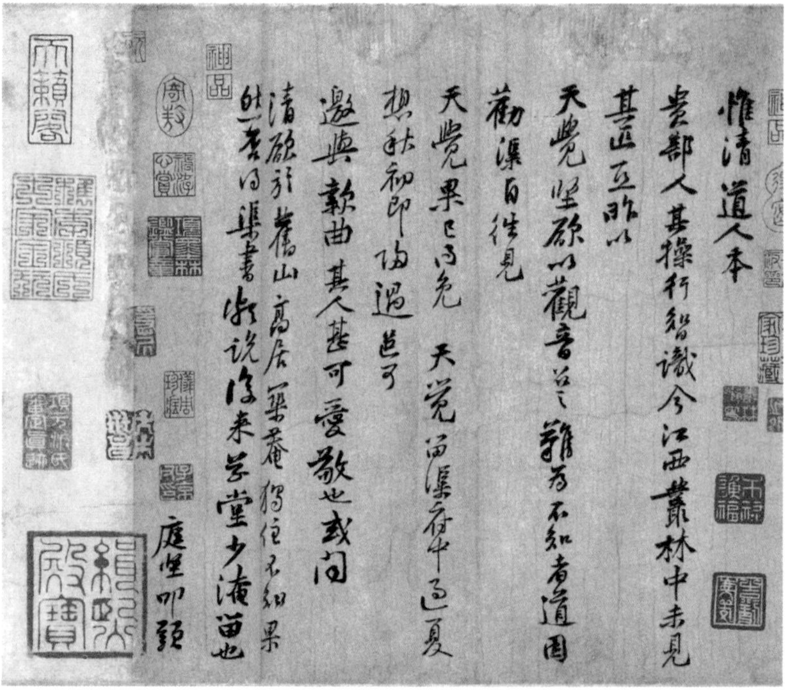
惟清道人本
贵部人甚操行智识今江西丛林中未见
其匹亚耶以
天觉坚欲以观音致之虽为不知者道因
劝渠自往见
天觉果已得见 天觉留渠府中过夏
想秋初即归过甚可
邀与款曲 其人甚可爱敬也或闻
清禅师旧山高居一菴独住不知果
然否因渠书幸说修来宗堂少淹留也
庭坚叩头

宋·黄庭坚　　惟清道人帖

SUNDAY, Apr 2, 2017
2017年4月2日
星期日

四月二日

【农历丁酉年　三月初六】

吾生也有涯，而知也无涯。以有涯随无涯，殆已！已而为知者，殆而已矣！为善无近名，为恶无近刑。缘督以为经，可以保身，可以全生，可以养亲，可以尽年。

——《庄子·养生主》

MONDAY, Apr 3, 2017
2017年4月3日
星期一

四月三日

【农历丁酉年　三月初七】

【农历丁酉年】

清明

TUESDAY, Apr 4, 2017
2017年4月4日
星期二

四月四日

清明

【农历丁酉年　三月初八】

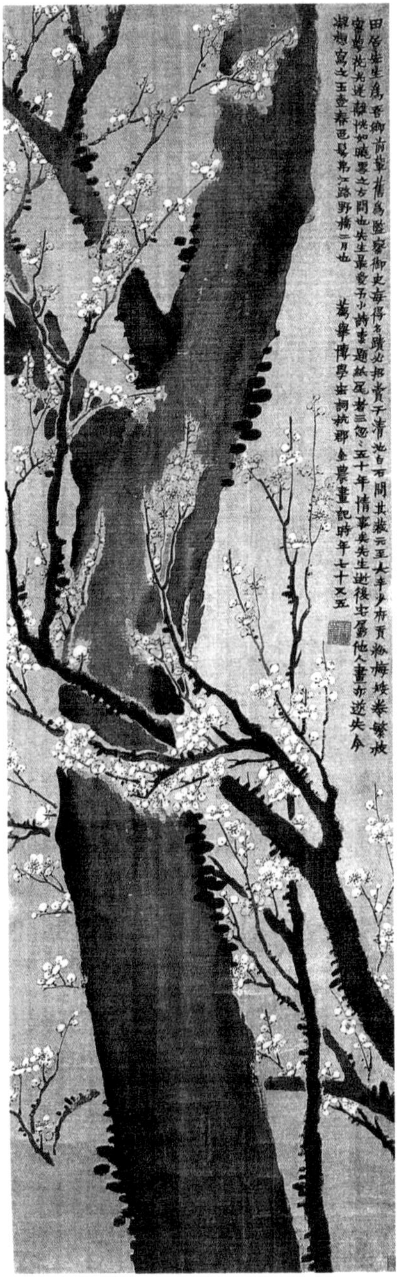
凝想寫之玉壺春色曷弗江路野橋二月也
薦舉博學鴻詞杭郡金農畫記時年七十又五

清・金农　　玉壶春色图

WEDNESDAY, Apr 5, 2017
2017年4月5日
星期三

四月五日

【农历丁酉年　三月初九】

卫彪傒适周，闻之，见单穆公曰：『……谚曰：「从善如登，从恶如崩。」昔孔甲乱夏，四世而陨。玄王勤商，十有四世而兴。帝甲乱之，七世而陨。后稷勤周，十有五世而兴。幽王乱之，十有四世矣。守府之谓多，胡可兴也？夫周，高山、广川、大薮也，故能生是良材，而幽王荡以为魁陵、粪土、沟渎，其有悛乎？』

——《国语·周语下》

THURSDAY, Apr 6, 2017
2017年4月6日
星期四

四月六日

【农历丁酉年　三月初十】

[意] 米开朗基罗　　创造亚当

FRIDAY, Apr 7, 2017
2017年4月7日
星期五

四月七日

【农历丁酉年 三月十一】

十年树木，百年树人。

——《管子·修权》

SATURDAY, Apr 8, 2017
2017年4月8日
星期六

四月八日

【农历丁酉年　三月十二】

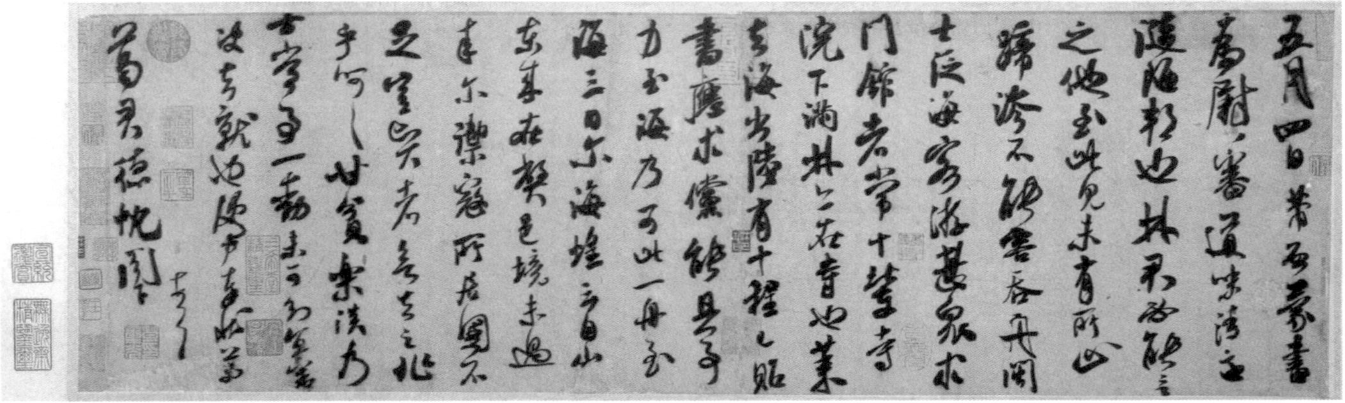

宋·米芾　　德忱帖

SUNDAY, Apr 9, 2017
2017年4月9日
星期日

四月九日

【农历丁酉年　三月十三】

华而不实，耻也。

——《国语·晋语四》

MONDAY, Apr 10, 2017
2017年4月10日
星期一

四月十日

【农历丁酉年　三月十四】

宋·赵佶　　听琴图（局部）

TUESDAY, Apr 11, 2017
2017年4月11日
星期二

四月十一日

【农历丁酉年　三月十五】

玉在山而草木润，渊生珠而涯不枯。

——《荀子·劝学》

WEDNESDAY, Apr 12, 2017
2017年4月12日
星期三

四月十二日

【农历丁酉年　三月十六】

［意］乔尔乔内　　沉睡的维纳斯

THURSDAY, Apr 13, 2017
2017年4月13日
星期四

四月十三日

【农历丁酉年　三月十七】

善有章，虽贱赏也；

恶有衅，虽贵罚也。

——《国语·鲁语上》

FRIDAY, Apr 14, 2017
2017年4月14日
星期五

四月十四日

【农历丁酉年　三月十八】

牡丹一本同榦二花其紅淺
深不同名品寔两種也一曰
疊羅紅一曰勝雲紅艷麗尊
榮皆冠一時之妙造化豪縱
如此襄賞之餘因成口占
異品殊葩共翠柯嫩紅拂拂
醉金荷春羅幾疊香凝雲
縷重紫浴絳河玉鑑和鳴鸞
對舞寶枝連理錦成囊東
君造化勝前歲吟繞清香故
琢磨

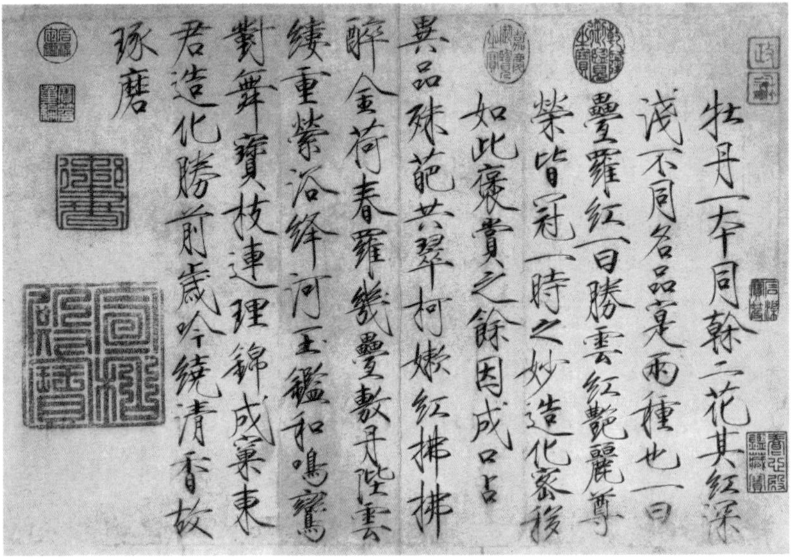

宋·赵佶　　牡丹诗帖

SATURDAY, Apr 15, 2017
2017年4月15日
星期六

四月十五日

【农历丁酉年　三月十九】

汤征诸侯。葛伯不祀，汤始伐之。汤曰：『予有言：人视水见形，视民知治不。』伊尹曰：『明哉！言能听，道乃进。君国子民，为善者皆在王官。勉哉，勉哉！』汤曰：『汝不能敬命，予大罚殛之，无有攸赦。』作汤征。

——《史记·殷本纪第三》

SUNDAY, Apr 16, 2017
2017年4月16日
星期日

四月十六日

【农历丁酉年　三月二十】

元·吴镇　　墨竹谱（其一）

MONDAY, Apr 17, 2017
2017年4月17日
星期一

四月十七日

【农历丁酉年　三月廿一】

流水不腐，户枢不蠹。

——《吕氏春秋·尽数》

TUESDAY, Apr 18, 2017
2017年4月18日
星期二

四月十八日

【农历丁酉年　三月廿二】

[法]埃德加　舞蹈课

WEDNESDAY, Apr 19, 2017
2017年4月19日
星期三

四月十九日

【农历丁酉年　三月廿三】

【农历丁酉年】

谷雨

THURSDAY, Apr 20, 2017
2017年4月20日
星期四

四月二十日

谷雨

【农历丁酉年　三月廿四】

初置刺史部十三州。名臣文武欲尽，诏曰：

『盖有非常之功，必待非常之人。故马或奔踶而致千里，士或有负俗之累而立功名。夫泛驾之马，跅弛之士，亦在御之而已。其令州郡察吏民有茂才异等，可为将相及使绝国者。』

——《汉书·武帝纪第六》

FRIDAY, Apr 21, 2017
2017年4月21日
星期五

四月二十一日

【农历丁酉年　三月廿五】

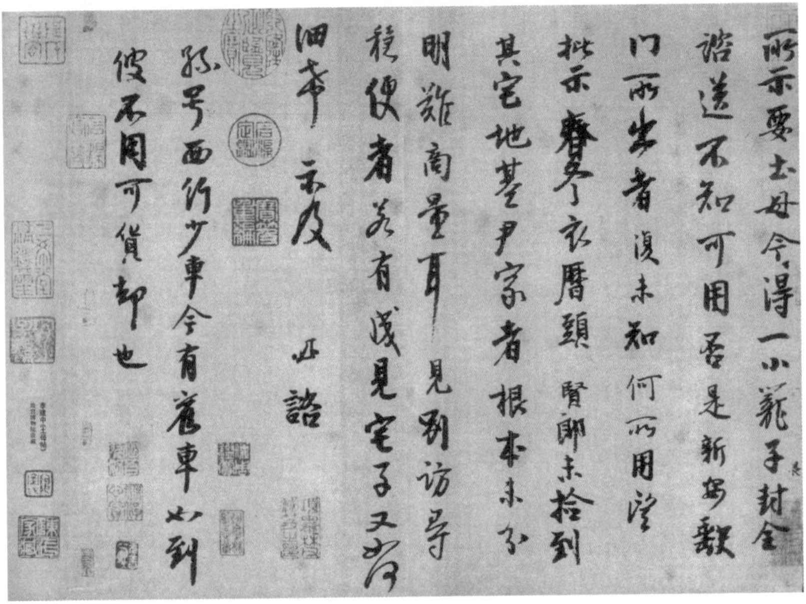

宋・李建中　　土母帖（局部）

SATURDAY, Apr 22, 2017
2017年4月22日
星期六

四月二十二日

【农历丁酉年　三月廿六】

得天下有道：得其民，斯得天下矣。得其民有道：得其心，斯得民矣。

——《孟子·离娄上》

SUNDAY, Apr 23, 2017
2017年4月23日
星期日

四月二十三日

【农历丁酉年 三月廿七】

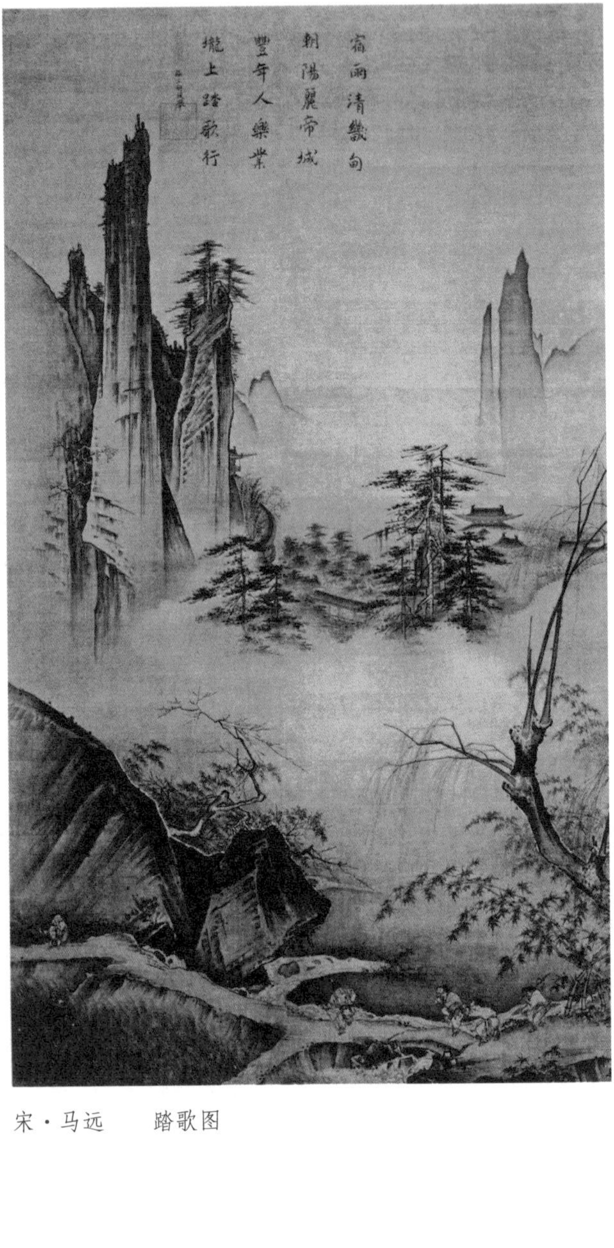
宿雨清畿甸
朝陽麗帝城
豐年人樂業
壠上踏歌行

宋 · 马远　　踏歌图

MONDAY, Apr 24, 2017
2017年4月24日
星期一

四月二十四日

【农历丁酉年　三月廿八】

不以规矩，不能成方圆。

——《孟子·离娄上》

TUESDAY, Apr 25, 2017
2017年4月25日
星期二

四月二十五日

【农历丁酉年　三月廿九】

［荷］梵高　　阿尔勒卧室

WEDNESDAY, Apr 26, 2017
2017年4月26日
星期三

四月二十六日

【农历丁酉年　四月初一】

福善之门莫美于和睦，患咎之首莫大于内离。

——《汉书·东平思王刘宇传》

THURSDAY, Apr 27, 2017
2017年4月27日
星期四

四月二十七日

【农历丁酉年　四月初二】

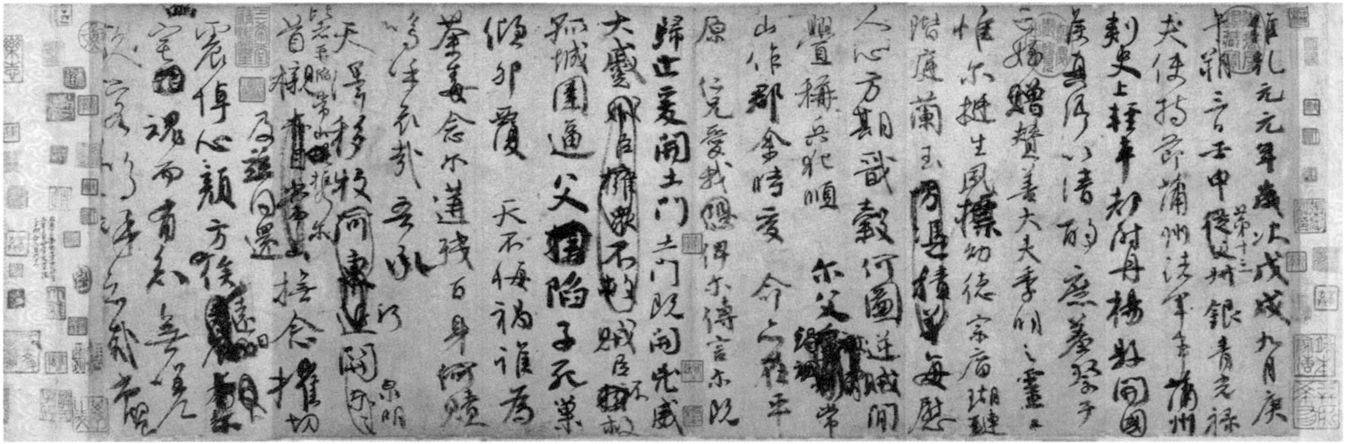

唐·颜真卿　　祭侄文稿

FRIDAY, Apr 28, 2017
2017年4月28日
星期五

四月二十八日

【农历丁酉年　四月初三】

治天下者当用天下之心为心。

——《汉书·鲍宣传》

SATURDAY, Apr 29, 2017
2017年4月29日
星期六

四月二十九日

【农历丁酉年　四月初四】

宋·马远　　松下闲吟图

SUNDAY, Apr 30, 2017
2017年4月30日
星期日

四月三十日

【农历丁酉年　四月初五】

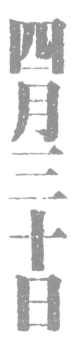

五月牡丹笑盈盈

伍 月 MAY

仰不愧于天，俯不怍于人。

——《孟子·尽心上》

MONDAY, May 1, 2017
2017年5月1日
星期一

五月一日

劳动节

【农历丁酉年　四月初六】

［俄］库因芝　　拉多加湖

TUESDAY, May 2, 2017
2017年5月2日

星期二

五月二日

【农历丁酉年　四月初七】

对酒当歌，人生几何？譬如朝露，去日苦多。慨当以慷，忧思难忘。何以解忧？唯有杜康。青青子衿，悠悠我心。但为君故，沉吟至今。呦呦鹿鸣，食野之苹。我有嘉宾，鼓瑟吹笙。明明如月，何时可掇？忧从中来，不可断绝。越陌度阡，枉用相存。契阔谈燕，心念旧恩。月明星稀，乌鹊南飞，绕树三匝，何枝可依？山不厌高，海不厌深。周公吐哺，天下归心。

——［三国·魏］曹操《短歌行》

WEDNESDAY, May 3, 2017
2017年5月3日

星期三

五月三日

【农历丁酉年　四月初八】

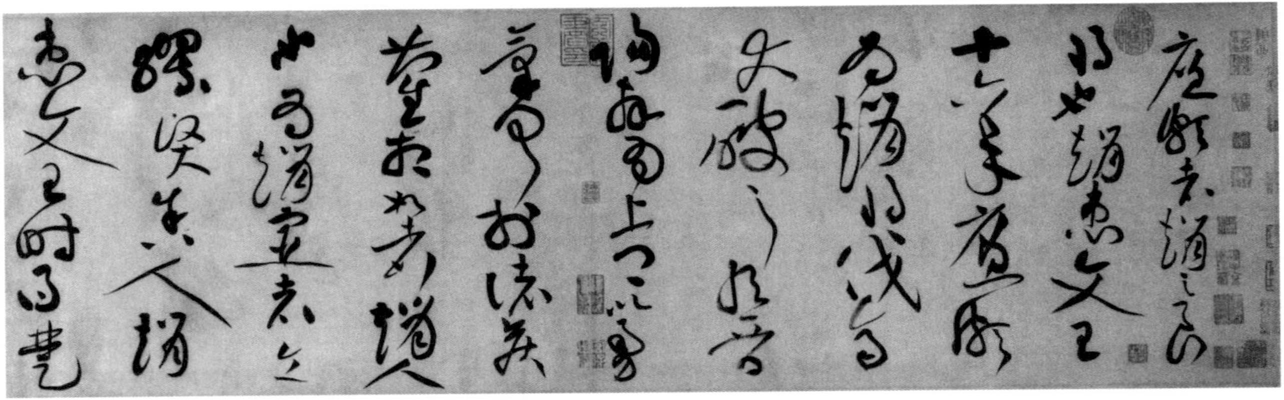

宋·黄庭坚　　廉颇蔺相如传

THURSDAY, May 4, 2017
2017年5月4日
星期四

五月四日

【农历丁酉年　四月初九】

【农历丁酉年】

立夏

FRIDAY, May 5, 2017
2017年5月5日
星期五

五月五日

立夏

【农历丁酉年　四月初十】

养心莫善于寡欲。

——《孟子·尽心下》

SATURDAY, May 6, 2017
2017年5月6日
星期六

五月六日

【农历丁酉年　四月十一】

明·唐寅　　墨梅图

SUNDAY, May 7, 2017
2017年5月7日
星期日

五月七日

【农历丁酉年　四月十二】

国无常强，无常弱。奉法者强则国强，奉法者弱则国弱。……故有荆庄、齐桓则荆、齐可以霸，有燕襄、魏安釐则燕、魏可以强。今皆亡国者，其群臣官吏皆务所以乱，而不务所以治也。其国乱弱矣，又皆释国法而私其外，则是负薪而救火也，乱弱甚矣！

——《韩非子·有度》

MONDAY, May 8, 2017
2017年5月8日
星期一

五月八日

【农历丁酉年　四月十三】

［法］塞尚　　玩牌者

TUESDAY, May 9, 2017
2017年5月9日
星期二

五月九日

【农历丁酉年　四月十四】

富贵不能淫，贫贱不能移，
威武不能屈。

——《孟子·滕文公下》

WEDNESDAY, May 10, 2017
2017年5月10日

星期三

五月十日

【农历丁酉年　四月十五】

大唐西京千福寺多寶佛
塔感應碑文
南陽岑勛撰　朝議郎
判尚書武部員外郎琅
邪顏真卿書　朝散大

唐·颜真卿　　多宝塔碑（局部）

THURSDAY, May 11, 2017
2017年5月11日
星期四

五月十一日

【农历丁酉年　四月十六】

贞观九年。太宗谓侍臣曰：『往昔初平京师，宫中美女珍玩，无院不满。炀帝意犹不足，征求无已，兼东西征讨，穷兵黩武，百姓不堪，遂致亡灭。此皆朕所目见。故夙夜孜孜，惟欲清净，使天下无事。遂得徭役不兴，年谷丰稔，百姓安乐。夫治国犹如栽树，本根不摇则枝叶茂荣。君能清净，百姓何得不安乐乎？』

——《贞观政要·政体第二》

FRIDAY, May 12, 2017
2017年5月12日
星期五

五月十二日

【农历丁酉年　四月十七】

明·周尚文　　西湖全景十二屏绢本（其一）

五月十三日

SATURDAY, May 13, 2017
2017年5月13日
星期六

【农历丁酉年　四月十八】

善人同处，则日闻嘉训；
恶人从游，则日生邪情。

——［南朝·宋］范晔《后汉书·爰延列传》

SUNDAY, May 14, 2017
2017年5月14日
星期日

五月十四日

母亲节

［德］小荷尔拜因　　伊拉斯谟像

MONDAY, May 15, 2017
2017年5月15日
星期一

五月十五日

【农历丁酉年　四月二十】

兰叶春葳蕤，桂华秋皎洁。
欣欣此生意，自尔为佳节。
谁知林栖者，闻风坐相悦。
草木有本心，何求美人折。

——［唐］张九龄《感遇》

TUESDAY, May 16, 2017
2017年5月16日
星期二

五月十六日

【农历丁酉年　四月廿一】

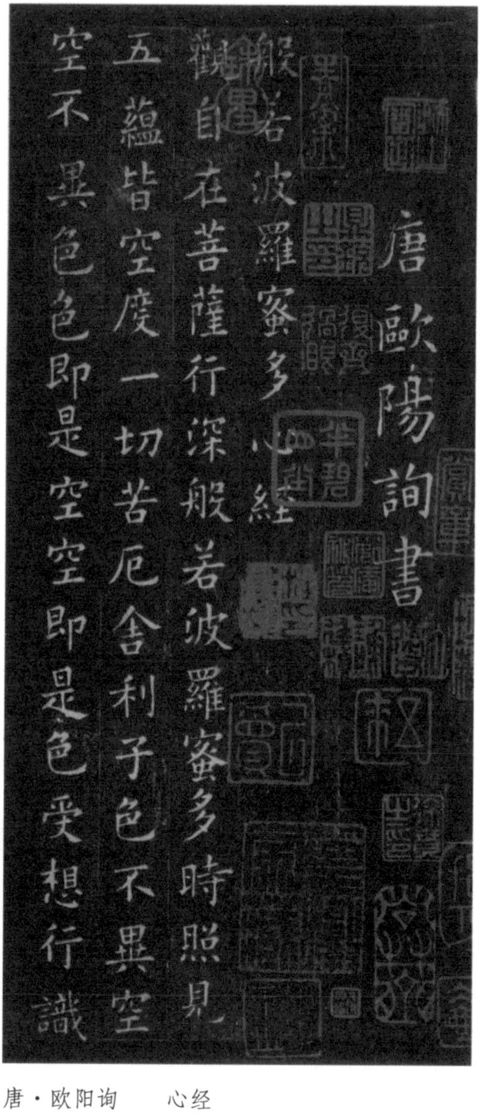
唐歐陽詢書
般若波羅蜜多心經
觀自在菩薩行深般若波羅蜜多時照見
五蘊皆空度一切苦厄舍利子色不異空
空不異色色即是空空即是色受想行識

唐・欧阳询　　心经

WEDNESDAY, May 17, 2017
2017年5月17日
星期三

五月十七日

【农历丁酉年　四月廿二】

居安思危，思则有备，有备无患，敢以此规。

——《左传·襄公十一年》

THURSDAY, May 18, 2017
2017年5月18日
星期四

五月十八日

【农历丁酉年　四月廿三】

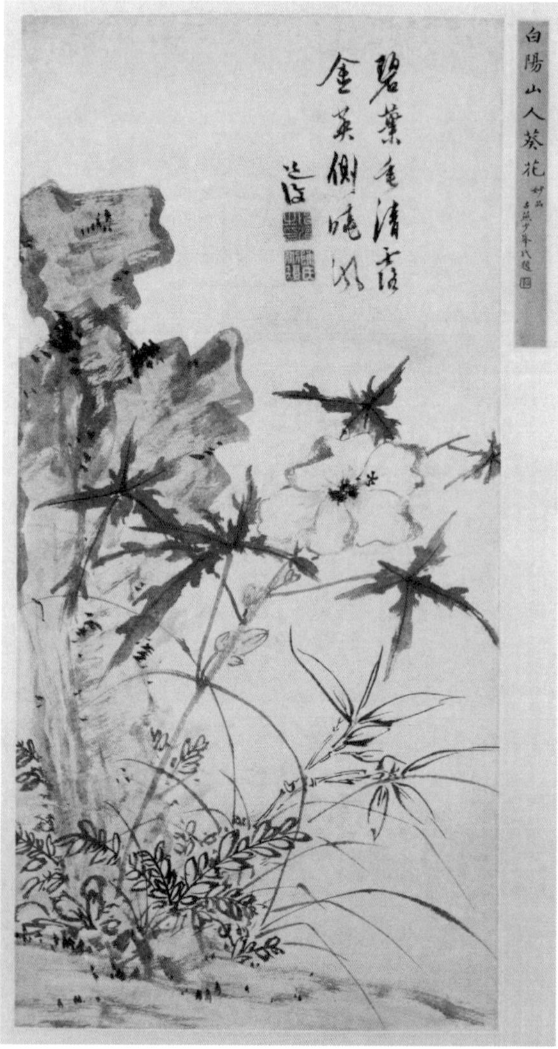
白陽山人葵花
碧葉垂清露
金英側曉風
道復

明 · 陈淳　　葵石图轴

FRIDAY, May 19, 2017
2017年5月19日
星期五

五月十九日

【农历丁酉年　四月廿四】

安得广厦千万间，大庇天下寒士俱欢颜，风雨不动安如山。

——〔唐〕杜甫《茅屋为秋风所破歌》

SATURDAY, May 20, 2017
2017年5月20日
星期六

五月二十日

【农历丁酉年　四月廿五】

【农历丁酉年】

小满

SUNDAY, May 21, 2017
2017年5月21日
星期日

五月二十一日

小满

【农历丁酉年　四月廿六】

[荷] 约翰内斯·维米尔　　戴珍珠耳环的少女

MONDAY, May 22, 2017
2017年5月22日
星期一

五月二十二日

【农历丁酉年　四月廿七】

仓廪实则知礼节，
衣食足则知荣辱。
——《管子·牧民》

TUESDAY, May 23, 2017
2017年5月23日
星期二

五月二十三日

【农历丁酉年　四月廿八】

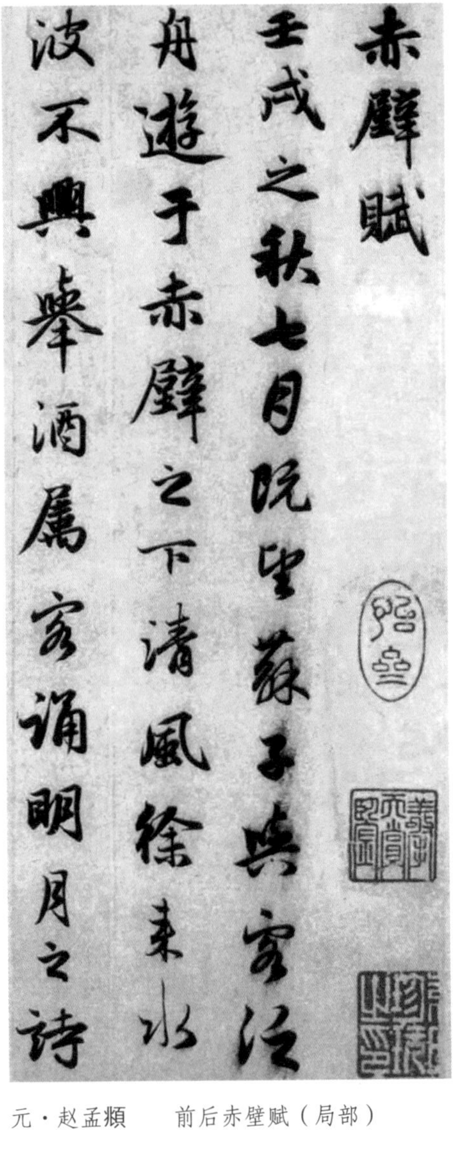
赤壁賦
壬戌之秋七月既望蘇子與客泛
舟遊于赤壁之下清風徐來水
波不興舉酒屬客誦明月之詩

元·赵孟頫　　前后赤壁赋（局部）

WEDNESDAY, May 24, 2017
2017年5月24日
星期三

五月二十四日

【农历丁酉年 四月廿九】

臣观前代邦之兴，由得人也；邦之亡，由失人也。得其人，失其人，非一朝一夕之故，其所由来者渐矣。天地不能顿为寒暑，必渐于春秋；人君不能顿为兴亡，必渐于善恶。善不积，不能勃焉而兴；恶不积，不能忽焉而亡。

——［唐］白居易《策林·辨兴亡之由》

THURSDAY, May 25, 2017
2017年5月25日
星期四

五月二十五日

【农历丁酉年　四月三十】

明·缪辅　　鱼藻图

FRIDAY, May 26, 2017
2017年5月26日
星期五

五月二十六日

【农历丁酉年　五月初一】

行百里者半九十。

——《战国策·秦策五》

SATURDAY, May 27, 2017
2017年5月27日
星期六

五月二十七日

【农历丁酉年　五月初二】

［意］拉斐尔　　雅典学院

SUNDAY, May 28, 2017
2017年5月28日
星期日

五月二十八日

【农历丁酉年　五月初三】

从来迁僻寡朋俦，今日优恩岂自酬。
抱病也容居粉署，好吟仍使在蓬丘。
利名场里心尤拙，少俊丛中鬓独秋。
早晚东山拂衣去，愿携鸠杖从公游。

——［宋］李至《偶述鄙怀奉呈仆射相公》

MONDAY, May 29, 2017
2017年5月29日
星期一

五月二十九日

【农历丁酉年　五月初四】

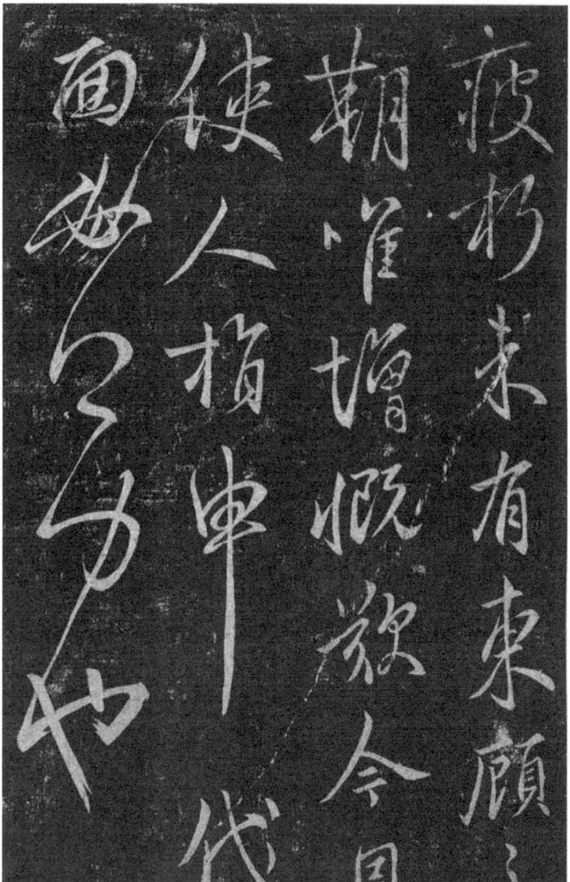

唐·虞世南　　疲朽帖（拓本）

TUESDAY, May 30, 2017
2017年5月30日
星期二

五月三十日

端午节

【农历丁酉年　五月初五】

前事之不忘，后事之师也。

——《战国策·赵策一》

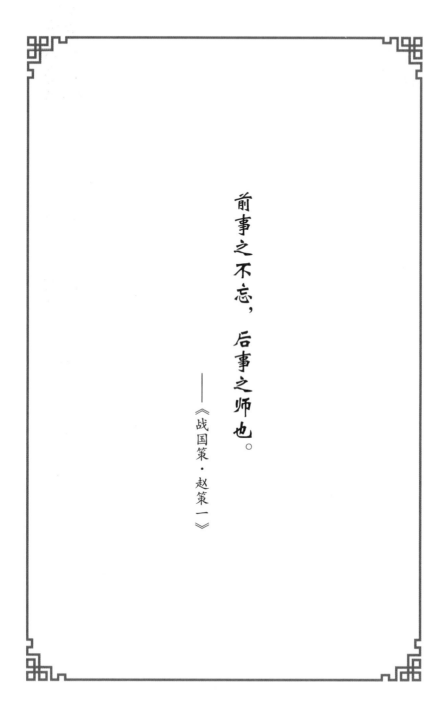

WEDNESDAY, May 31, 2017
2017年5月31日
星期三

五月三十一日

【农历丁酉年　五月初六】

六月栀子戴头上

陆 月

JUNE

宋·赵伯驹　　江山秋色图卷

THURSDAY, Jun 1, 2017
2017年6月1日
星期四

六月一日

儿童节

【农历丁酉年　五月初七】

天下之患，最不可为者，名为治平无事，而其实有不测之忧。坐观其变而不为之所，则恐至于不可救；起而强为之，则天下狃于治平之安，而不吾信。唯仁人君子豪杰之士，为能出身为天下犯大难，以求成大功。此固非勉强期月之间，而苟以求名者之所能也。

——［宋］苏轼《晁错论》

FRIDAY, Jun 2, 2017
2017年6月2日
星期五

六月二日

【农历丁酉年　五月初八】

[法]埃瓦利斯特·维塔尔·鲁米奈　　野蛮人在罗马城前

SATURDAY, Jun 3, 2017
2017年6月3日
星期六

六月三日

【农历丁酉年　五月初九】

古之立大事者，不惟有超世之才，亦必有坚韧不拔之志。

——［宋］苏轼《晁错论》

SUNDAY, Jun 4, 2017
2017年6月4日
星期日

六月四日

【农历丁酉年　五月初十】

【农历丁酉年】

芒种

MONDAY, Jun 5, 2017
2017年6月5日
星期一

六月五日

芒种

【农历丁酉年　五月十一】

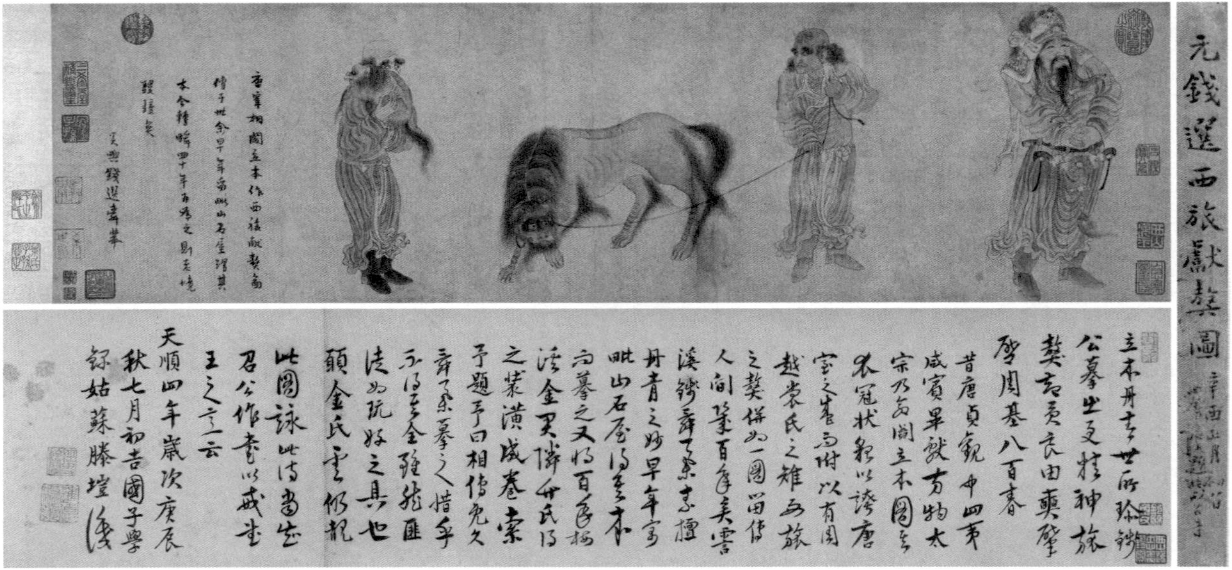

元 · 钱选　　西旅献獒图

TUESDAY, Jun 6, 2017
2017年6月6日
星期二

六月六日

【农历丁酉年　五月十二】

逝者如斯，而未尝往也，盈虚者如彼，而卒莫消长也。盖将自其变者而观之，则天地曾不能以一瞬；自其不变者而观之，则物与我皆无尽也，而又何羡乎？且夫天地之间，物各有主，苟非吾之所有，虽一毫而莫取。惟江上之清风，与山间之明月，耳得之而为声，目遇之而成色。取之无禁，用之不竭，是造物者之无尽藏也，而吾与子之所共适。

——［宋］苏轼《赤壁赋》

WEDNESDAY, Jun 7, 2017
2017年6月7日
星期三

六月七日

【农历丁酉年　五月十三】

五代·黄筌　　写生珍禽图

THURSDAY, Jun 8, 2017
2017年6月8日
星期四

六月八日

【农历丁酉年　五月十四】

莫听穿林打叶声，何妨吟啸且徐行。竹杖芒鞋轻胜马，谁怕？一蓑烟雨任平生。

料峭春风吹酒醒，微冷，山头斜照却相迎。回首向来萧瑟处，归去，也无风雨也无晴。

——［宋］苏轼《定风波·莫听穿林打叶声》

FRIDAY, Jun 9, 2017
2017年6月9日
星期五

六月九日

【农历丁酉年　五月十五】

[英] 约翰 · 埃 · 密莱　　盲女

SATURDAY, Jun 10, 2017
2017年6月10日
星期六

六月十日

【农历丁酉年　五月十六】

粗缯大布裹生涯，腹有诗书气自华。
厌伴老儒烹瓠叶，强随举子踏槐花。
囊空不办寻春马，眼乱行看择婿车。
得意犹堪夸世俗，诏黄新湿字如鸦。

——［宋］苏轼《和董传留别》

SUNDAY, Jun 11, 2017
2017年6月11日
星期日

六月十一日

【农历丁酉年　五月十七】

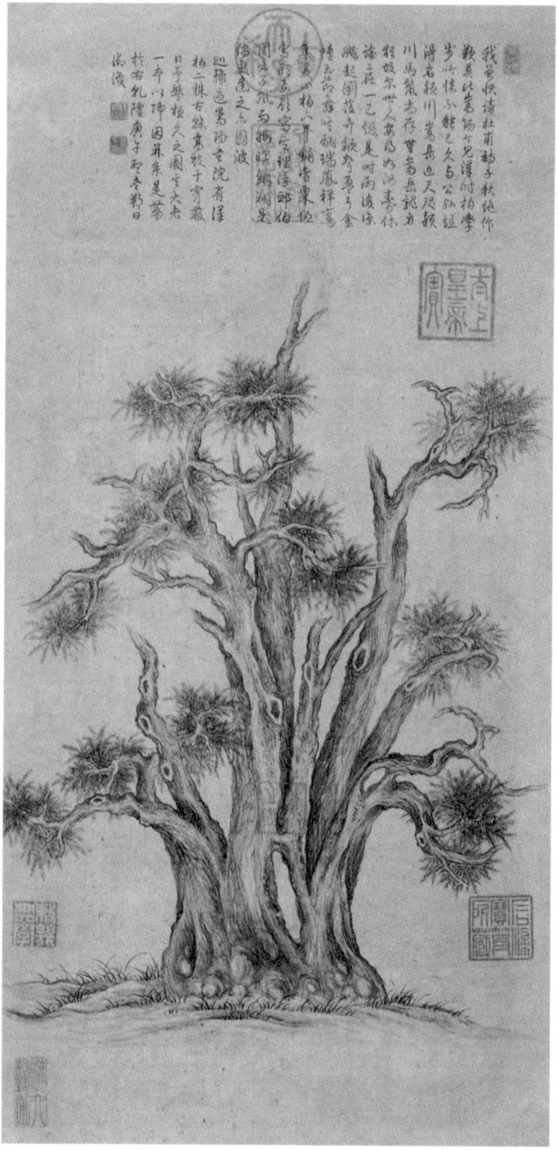

清・乾隆　　御笔汉柏图

MONDAY, Jun 12, 2017
2017年6月12日
星期一

六月十二日

【农历丁酉年　五月十八】

横看成岭侧成峰，
远近高低各不同。
不识庐山真面目，
只缘身在此山中。

——［宋］苏轼《题西林壁》

TUESDAY, Jun 13, 2017
2017年6月13日
星期二

六月十三日

【农历丁酉年　五月十九】

明·戴进　　渭滨垂钓图

WEDNESDAY, Jun 14, 2017
2017年6月14日
星期三

六月十四日

【农历丁酉年　五月二十】

沉舟侧畔千帆过，病树前头万木春。

——［唐］刘禹锡《酬乐天扬州初逢席上见赠》

THURSDAY, Jun 15, 2017
2017年6月15日
星期四

六月十五日

【农历丁酉年　五月廿一】

[法] 勒南兄弟　　农家庭院

FRIDAY, Jun 16, 2017
2017年6月16日
星期五

六月十六日

【农历丁酉年　五月廿二】

清心为治本，直道是身谋。
秀干终成栋，精钢不作钩。
仓充鼠雀喜，草尽兔狐愁。
史册有遗训，毋贻来者羞。

——［宋］包拯《书端州郡斋壁》

SATURDAY, Jun 17, 2017
2017年6月17日

星期六

六月十七日

【农历丁酉年　五月廿三】

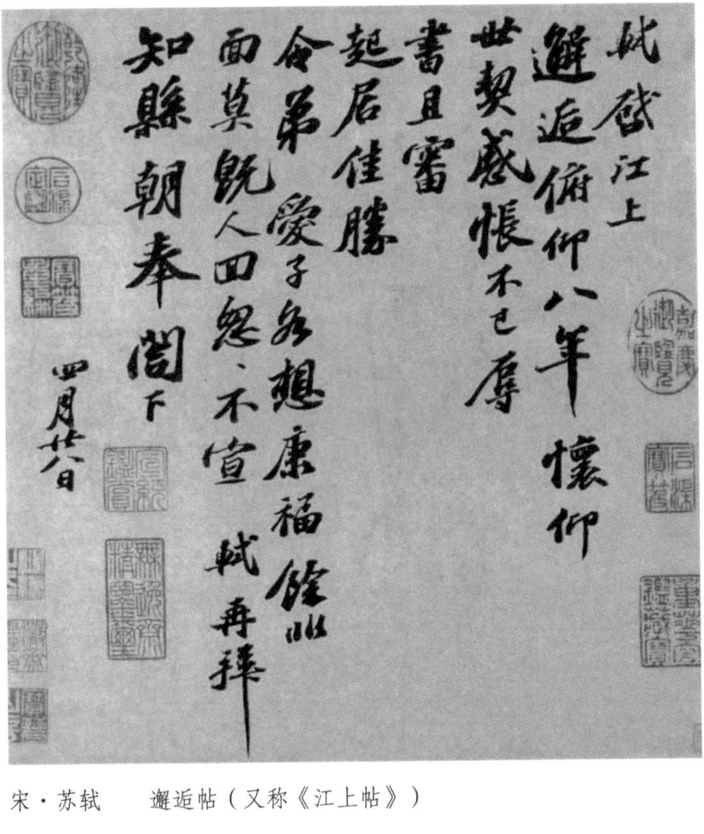

宋·苏轼　　邂逅帖（又称《江上帖》）

SUNDAY, Jun 18, 2017
2017年6月18日
星期日

六月十八日

父亲节

嗟夫！予尝求古仁人之心，或异二者之为。何哉？不以物喜，不以己悲；居庙堂之高则忧其民；处江湖之远则忧其君。是进亦忧，退亦忧。然则何时而乐耶？其必曰：『先天下之忧而忧，后天下之乐而乐』乎。噫！微斯人，吾谁与归？

——［宋］范仲淹《岳阳楼记》

MONDAY, Jun 19, 2017
2017年6月19日
星期一

六月十九日

【农历丁酉年　五月廿五】

清·朱耷　　荷花游鱼图

TUESDAY, Jun 20, 2017
2017年6月20日
星期二

六月二十日

【农历丁酉年　五月廿六】

【农历丁酉年】

夏至

WEDNESDAY, Jun 21, 2017
2017年6月21日
星期三

六月二十一日

夏至

【农历丁酉年　五月廿七】

盖君子之为政，立善法于天下，则天下治；立善法于一国，则一国治。如其不能立法，而欲人人悦之，则日亦不足矣。使周公知为政，则宜立学校之法于天下矣；不知立学校而徒能劳身以待天下之士，则不唯力有所不足，而势亦有所不得也。

——［宋］王安石《周公》

THURSDAY, Jun 22, 2017
2017年6月22日
星期四

六月二十二日

【农历丁酉年　五月廿八】

［意］拉斐尔　　西斯廷圣母

FRIDAY, Jun 23, 2017
2017年6月23日
星期五

六月二十三日

【农历丁酉年　五月廿九】

汲汲光阴如水流，随时得过便须休。
儿孙自有儿孙计，莫与儿孙作马牛。

——［宋］徐守信《绝句》

SATURDAY, Jun 24, 2017
2017年6月24日

星期六

六月二十四日

【农历丁酉年　六月初一】

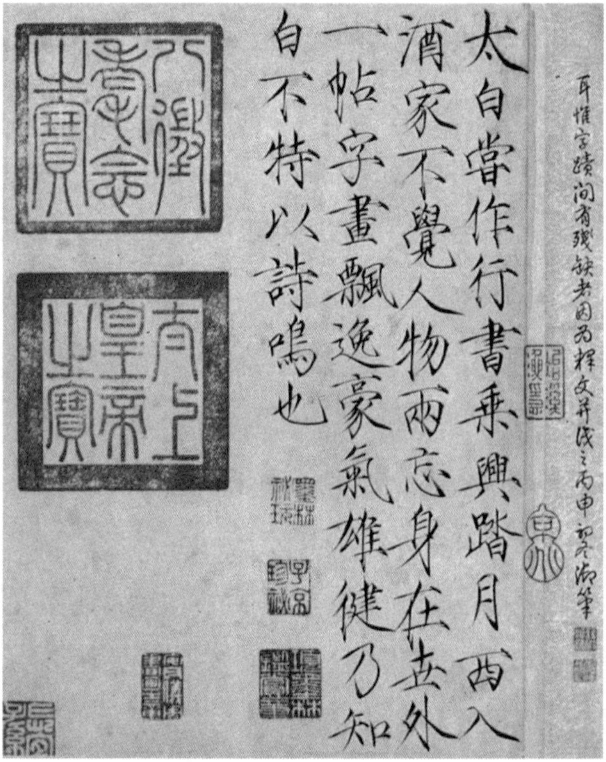
太白嘗作行書乘興踏月西入
酒家不覺人物兩忘身在世外
一帖字畫飄逸豪氣雄健乃知
白不特以詩鳴也

宋·赵佶　　李白上阳台帖

SUNDAY, Jun 25, 2017
2017年6月25日
星期日

六月二十五日

【农历丁酉年　六月初二】

病骨支离纱帽宽，孤臣万里客江干。
位卑未敢忘忧国，事定犹须待阖棺。
天地神灵扶庙社，京华父老望和銮。
出师一表通今古，夜半挑灯更细看。

——［宋］陆游《病起书怀》

MONDAY, Jun 26, 2017
2017年6月26日

星期一

六月二十六日

【农历丁酉年　六月初三】

东晋·顾恺之　　女史箴图（局部）

TUESDAY, Jun 27, 2017
2017年6月27日
星期二

六月二十七日

【农历丁酉年　六月初四】

早岁那知世事艰，中原北望气如山。
楼船夜雪瓜洲渡，铁马秋风大散关。
塞上长城空自许，镜中衰鬓已先斑。
出师一表真名世，千载谁堪伯仲间！

——［宋］陆游《书愤》

WEDNESDAY, Jun 28, 2017
2017年6月28日
星期三

六月二十八日

【农历丁酉年　六月初五】

[英] 罗赛蒂　　白日梦

THURSDAY, Jun 29, 2017
2017年6月29日

星期四

六月二十九日

【农历丁酉年　六月初六】

问渠那得清如许，
为有源头活水来。
——〔宋〕朱熹《观书有感》

FRIDAY, Jun 30, 2017
2017年6月30日
星期五

六月三十日

【农历丁酉年　六月初七】

日新録

（下册）

新华出版社财经图书出版中心 编

日新録

新 华 出 版 社

七月荷花别样红

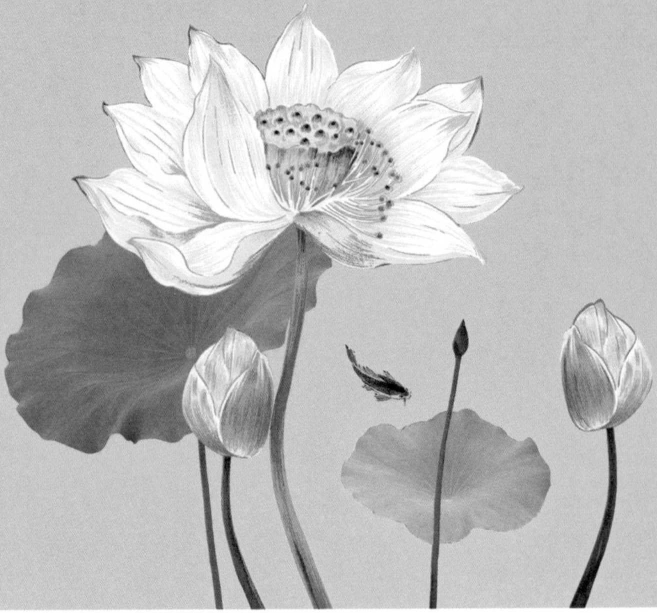

柒 月 JULY

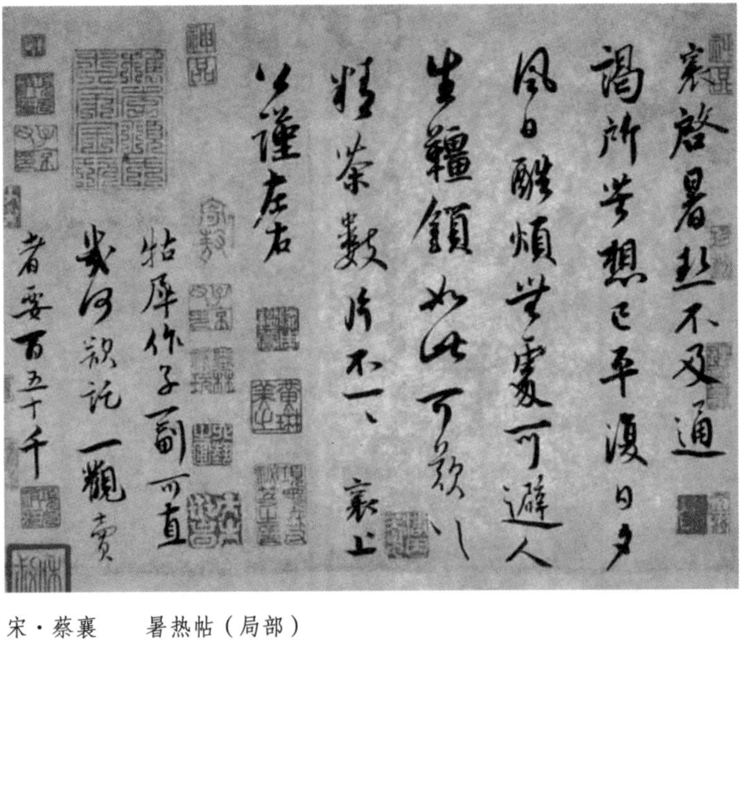

宋·蔡襄　　暑热帖（局部）

SATURDAY, Jul 1, 2017
2017年7月1日
星期六

七月一日

【农历丁酉年　六月初八】

人生自古谁无死，
留取丹心照汗青。

——［宋］文天祥《过零丁洋》

SUNDAY, Jul 2, 2017
2017年7月2日
星期日

七月二日

【农历丁酉年　六月初九】

五代·荆浩　　匡庐图

MONDAY, Jul 3, 2017
2017年7月3日

星期一

七月三日

【农历丁酉年　六月初十】

天地有正气，杂然赋流形。

——［宋］文天祥《正气歌》

TUESDAY, Jul 4, 2017
2017年7月4日
星期二

七月四日

【农历丁酉年　六月十一】

［法］弗朗索瓦·布歇　　蓬巴杜夫人

WEDNESDAY, Jul 5, 2017
2017年7月5日
星期三

七月五日

【农历丁酉年　六月十二】

志不立，天下无可成之事。

——〔明〕王守仁《教条示龙场诸生》

THURSDAY, Jul 6, 2017
2017年7月6日
星期四

七月六日

【农历丁酉年　六月十三】

【农历丁酉年】

小暑

FRIDAY, Jul 7, 2017
2017年7月7日
星期五

七月七日

小暑

【农历丁酉年　六月十四】

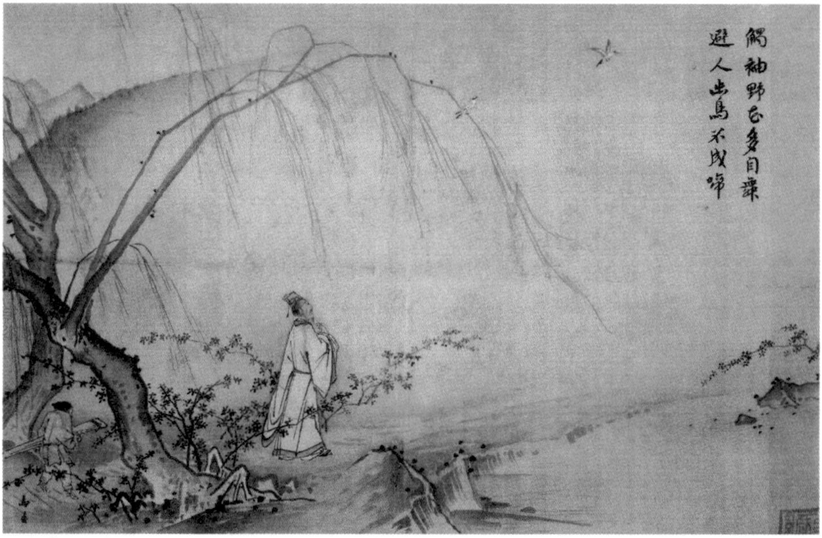
觸袖野花多自舞
避人幽鳥不成啼

宋·马远　　山径春行图

SATURDAY, Jul 8, 2017
2017年7月8日
星期六

七月八日

【农历丁酉年　六月十五】

吏不畏吾严而畏吾廉，民不服吾能而服吾公；廉则吏不敢慢，公则民不敢欺；公生明，廉生威。

——［明］年富《官箴》刻石

SUNDAY, Jul 9, 2017
2017年7月9日
星期日

七月九日

【农历丁酉年　六月十六】

东晋·顾恺之　　女史箴图（局部）

MONDAY, Jul 10, 2017
2017年7月10日
星期一

七月十日

【农历丁酉年　六月十七】

凿开混沌得乌金，藏蓄阳和意最深。
爝火燃回春浩浩，洪炉照破夜沉沉。
鼎彝元赖生成力，铁石犹存死后心。
但愿苍生俱饱暖，不辞辛苦出山林。

——［明］于谦《咏煤炭》

TUESDAY, Jul 11, 2017
2017年7月11日
星期二

七月十一日

【农历丁酉年　六月十八】

[意] 波提切利　　西蒙奈塔夫人

WEDNESDAY, Jul 12, 2017
2017年7月12日
星期三

七月十二日

【农历丁酉年　六月十九】

清风两袖朝天去，不带江南一寸棉。

惭愧士民相饯送，马前洒泪注如泉。

——［明］况钟《拒礼诗》

THURSDAY, Jul 13, 2017
2017年7月13日
星期四

七月十三日

【农历丁酉年　六月二十】

永和九年，歲在癸丑，暮春之初，會于會稽山陰之蘭亭，修禊事也。群賢畢至，少長咸集。此地有崇山峻嶺，茂林修竹，又有清流激湍，映帶左右，引以為流觴曲水，列坐其次。雖無絲竹管弦之盛，一觴一詠，亦足以暢敘幽情。是日也，天朗氣清，惠風和暢。仰觀宇宙之大，俯察品類之盛，所以遊目騁懷，足以極視聽之娛，信可樂也。

夫人之相與，俯仰一世，或取諸懷抱，悟言一室之內；或因寄所託，放浪形骸之外。雖趣舍萬殊，靜躁不同，當其欣於所遇，暫得於己，快然自足，不知老之將至。及其所之既倦，情隨事遷，感慨係之矣。向之所欣，俛仰之間，已為陳跡，猶不能不以之興懷。況修短隨化，終期於盡。古人云：「死生亦大矣。」豈不痛哉！

每覽昔人興感之由，若合一契，未嘗不臨文嗟悼，不能喻之於懷。固知一死生為虛誕，齊彭殤為妄作。後之視今，亦猶今之視昔，悲夫！故列敘時人，錄其所述，雖世殊事異，所以興懷，其致一也。後之覽者，亦將有感於斯文。

東晉·王羲之　蘭亭集序

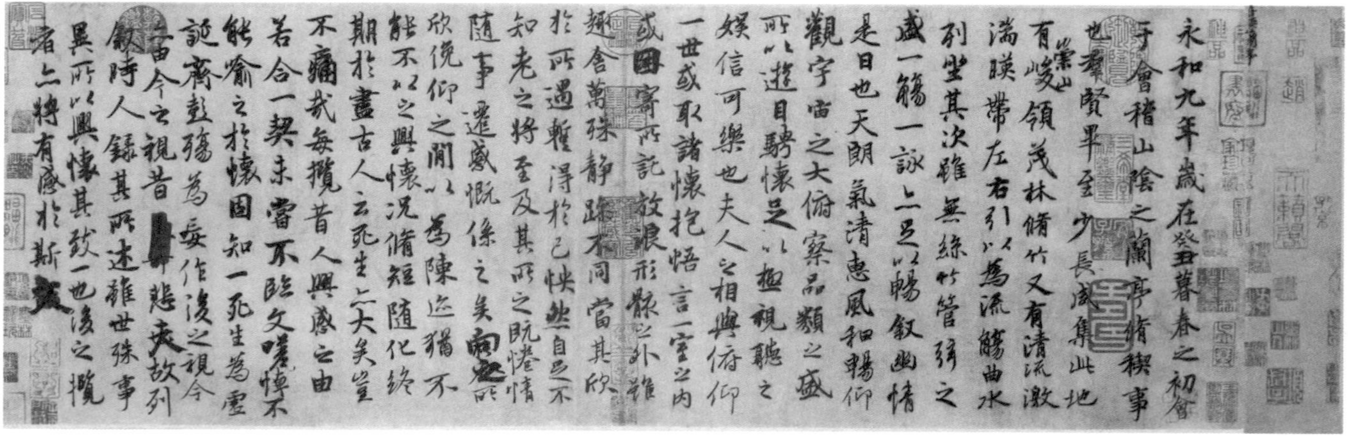

FRIDAY, Jul 14, 2017
2017年7月14日
星期五

七月十四日

【农历丁酉年　六月廿一】

宠辱不惊，看庭前花开花落。
去留无意，望天上云卷云舒。

——［明］洪应明《菜根谭》

SATURDAY, Jul 15, 2017
2017年7月15日
星期六

七月十五日

【农历丁酉年　六月廿二】

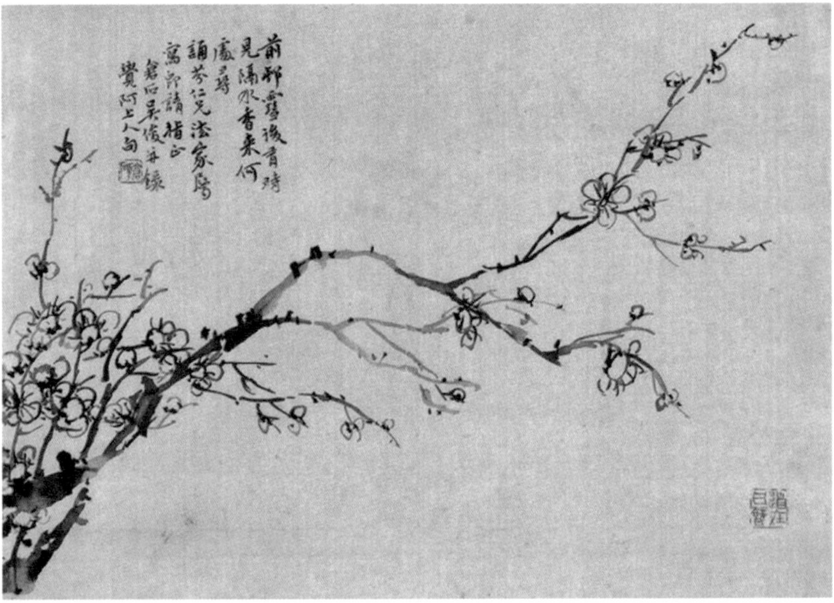

清·吴昌硕　墨梅

SUNDAY, Jul 16, 2017
2017年7月16日
星期日

七月十六日

【农历丁酉年　六月廿三】

江山也要伟人扶，
神化丹青即画图。
赖有岳于双少保，
人间始觉重西湖。

——［清］袁枚《谒岳王墓其七》

MONDAY, Jul 17, 2017
2017年7月17日
星期一

七月十七日

【农历丁酉年　六月廿四】

［法］马奈　　阳台上

TUESDAY, Jul 18, 2017
2017年7月18日
星期二

七月十八日

【农历丁酉年　六月廿五】

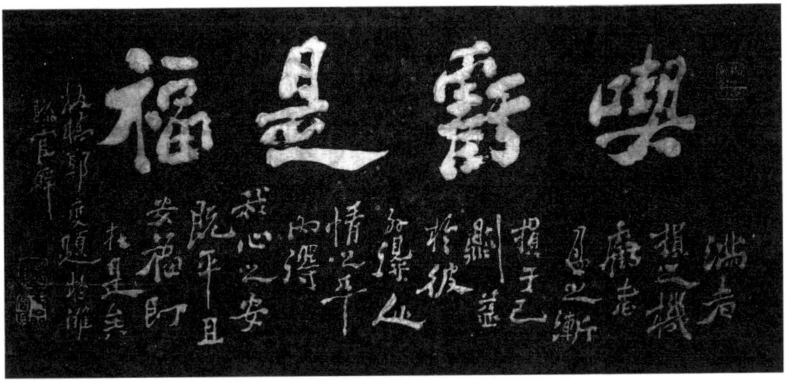

清·郑燮　　吃亏是福

WEDNESDAY, Jul 19, 2017
2017年7月19日
星期三

七月十九日

【农历丁酉年　六月廿六】

苟利国家生死以，岂因祸福避趋之。

——〔清〕林则徐《赴戍登程口占示家人》

THURSDAY, Jul 20, 2017
2017年7月20日
星期四

七月二十日

【农历丁酉年　六月廿七】

元·倪瓒　　紫芝山房图

FRIDAY, Jul 21, 2017
2017年7月21日
星期五

七月二十一日

【农历丁酉年　六月廿八】

【农历丁酉年】

大暑

SATURDAY, Jul 22, 2017
2017年7月22日
星期六

七月二十二日

大暑

【农历丁酉年　六月廿九】

咬定青山不放松，
立根原在破岩中。
千磨万击还坚劲，
任尔东西南北风。

——［清］郑燮《竹石》

SUNDAY, Jul 23, 2017
2017年7月23日
星期日

七月二十三日

【农历丁酉年　闰六月初一】

［法］夏尔丹　　吹肥皂泡的少年

MONDAY, Jul 24, 2017
2017年7月24日
星期一

七月二十四日

【农历丁酉年　闰六月初二】

衙斋卧听萧萧竹，疑是民间疾苦声。
些小吾曹州县吏，一枝一叶总关情。

——〔清〕郑燮《潍县署中画竹呈年伯包大中丞括》

TUESDAY, Jul 25, 2017
2017年7月25日
星期二

七月二十五日

【农历丁酉年　闰六月初三】

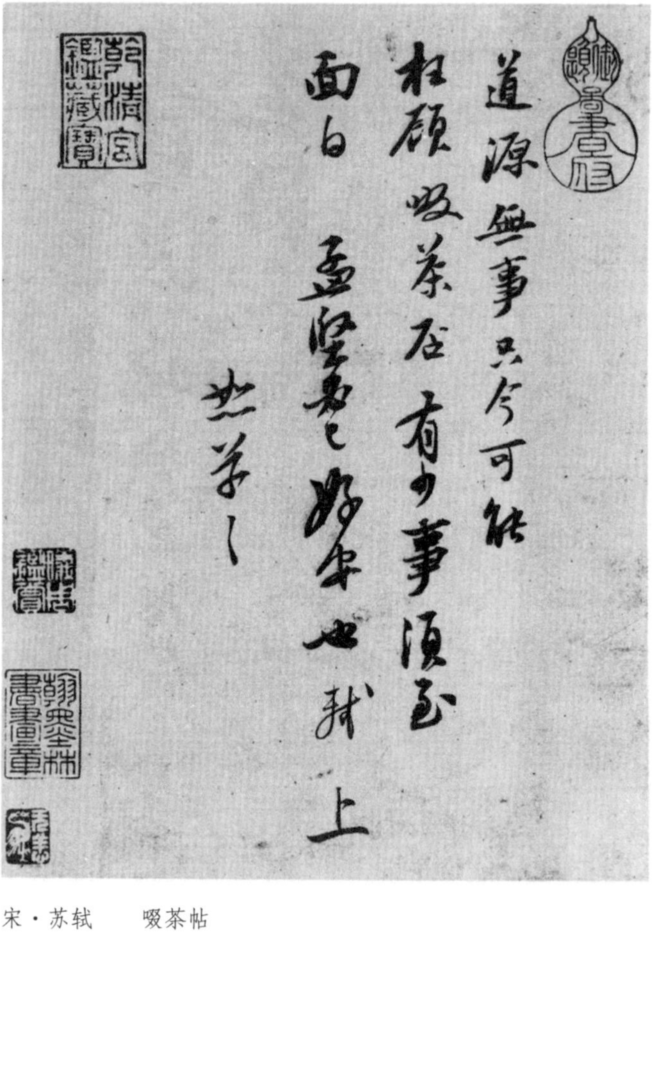

宋·苏轼　　啜茶帖

WEDNESDAY, Jul 26, 2017
2017年7月26日
星期三

七月二十六日

【农历丁酉年　闰六月初四】

古今之成大事业、大学问者，必经过三种之境界：『昨夜西风凋碧树。独上高楼，望尽天涯路』，此第一境也。『衣带渐宽终不悔，为伊消得人憔悴』，此第二境也。『众里寻他千百度，蓦然回首，那人却在灯火阑珊处』，此第三境也。

——王国维《人间词话》

THURSDAY, Jul 27, 2017
2017年7月27日
星期四

七月二十七日

【农历丁酉年　闰六月初五】

明·仇英　　剑阁图

FRIDAY, Jul 28, 2017
2017年7月28日
星期五

七月二十八日

【农历丁酉年　闰六月初六】

一花独放不是春，

万紫千红春满园。

——《古今贤文》

SATURDAY, Jul 29, 2017
2017年7月29日
星期六

七月二十九日

【农历丁酉年　闰六月初七】

［荷］梵高　　星夜（绘于1869年）

SUNDAY, Jul 30, 2017
2017年7月30日
星期日

七月三十日

【农历丁酉年　闰六月初八】

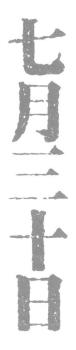

红军不怕远征难，万水千山只等闲。
五岭逶迤腾细浪，乌蒙磅礴走泥丸。
金沙水拍云崖暖，大渡桥横铁索寒。
更喜岷山千里雪，三军过后尽开颜。

——毛泽东《七律·长征》

MONDAY, Jul 31, 2017
2017年7月31日
星期一

七月三十一日

【农历丁酉年　闰六月初九】

八月桂花甜又香

捌月 AUGUST

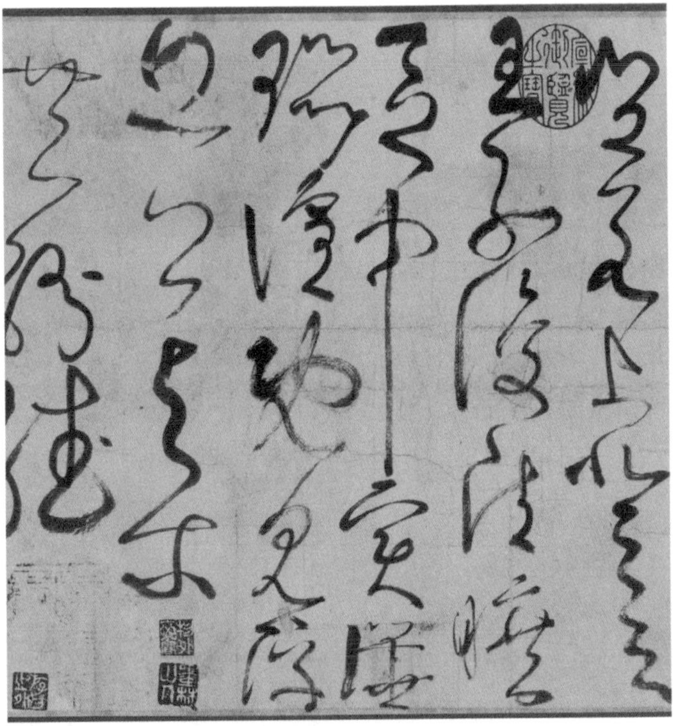

唐·张旭　　古诗四帖（局部）

TUESDAY, Aug 1, 2017
2017年8月1日
星期二

八月一日

【农历丁酉年　闰六月初十】

断头今日意如何，
创业艰难百战多。
此去泉台招旧部，
旌旗十万斩阎罗。

——陈毅《梅岭三章之一》

WEDNESDAY, Aug 2, 2017
2017年8月2日
星期三

八月二日

【农历丁酉年　闰六月十一】

醉舞狂歌五十年 花中行樂
月中眠 漫勞海內傳名字 誰
信腰間沒酒錢 書畫本自懇
稻粱者眾人疑道是神仙

與顧做浮玉天虔示損留荊
茌天 與西洲別幾三十年
偶尔見過園書鄙作箋
園请敫病中殊無佳
與草示意意而已
友生唐寅

明·唐寅　　西洲話舊圖軸

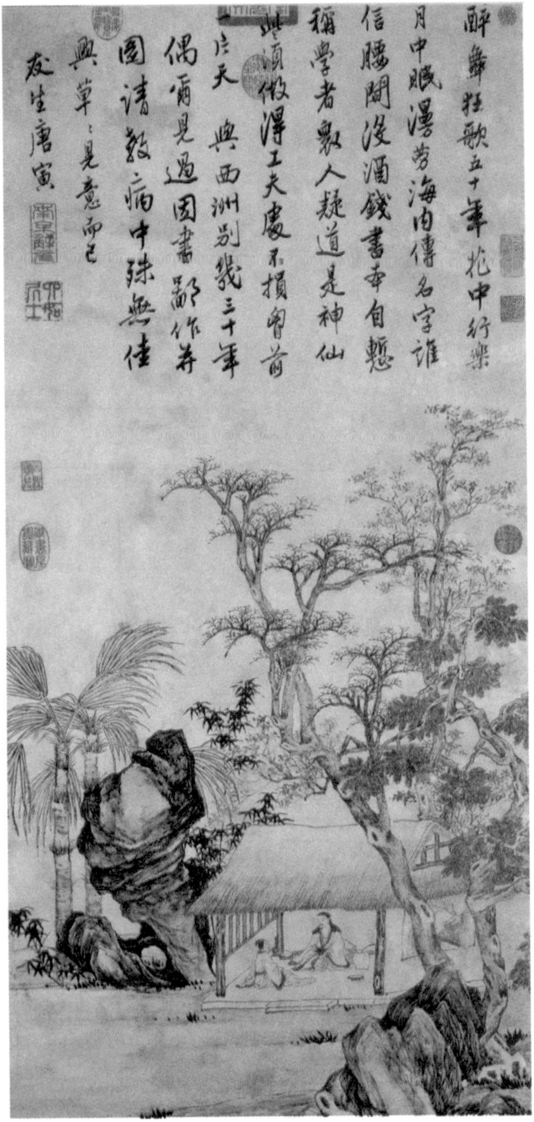

THURSDAY, Aug 3, 2017
2017年8月3日
星期四

八月三日

【农历丁酉年　闰六月十二】

旧书不厌百回读，熟读深思子自知。

——［宋］苏轼《送安惇秀才失解西归》

FRIDAY, Aug 4, 2017
2017年8月4日
星期五

八月四日

【农历丁酉年　闰六月十三】

[法] 夏尔·阿尔丰斯·杜·福莱诺伊　　苏格拉底之死

SATURDAY, Aug 5, 2017
2017年8月5日
星期六

八月五日

【农历丁酉年　闰六月十四】

宋·佚名　　梨花鹦鹉图

SUNDAY, Aug 6, 2017
2017年8月6日
星期日

八月六日

【农历丁酉年　闰六月十五】

【农历丁酉年】

立秋

MONDAY, Aug 7, 2017
2017年8月7日
星期一

八月七日

立秋

【农历丁酉年　闰六月十六】

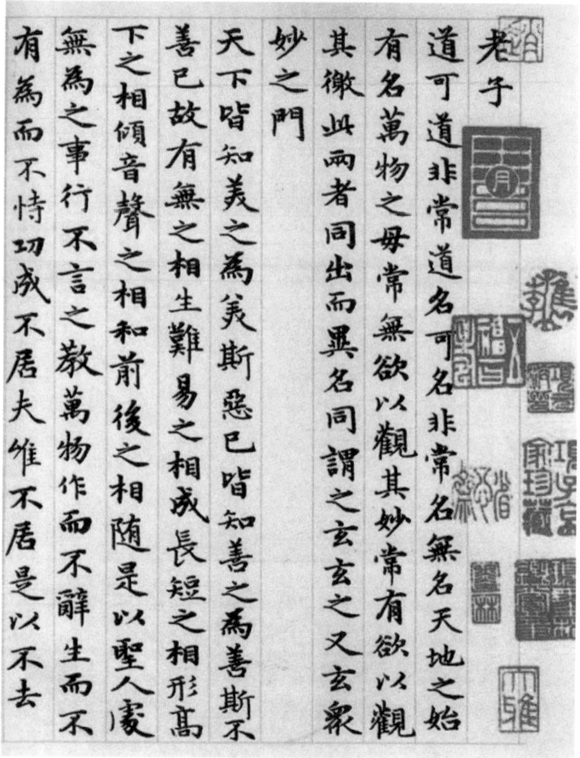
老子
道可道非常道名可名非常名無名天地之始
有名萬物之母常無欲以觀其妙常有欲以觀
其徼此兩者同出而異名同謂之玄玄之又玄衆
妙之門
天下皆知美之為美斯惡已皆知善之為善斯不
善已故有無之相生難易之相成長短之相形高
下之相傾音聲之相和前後之相隨是以聖人處
無為之事行不言之教萬物作而不辭生而不
有為而不恃功成不居夫唯不居是以不去

元·赵孟頫　　道德经（小楷）

TUESDAY, Aug 8, 2017
2017年8月8日
星期二

八月八日

【农历丁酉年　闰六月十七】

当官之法，惟有三事：曰清、曰慎、曰勤。知此三者，可以保禄位，可以远耻辱，可以得上之知，可以得下之援。

——［宋］吕本中《官箴》

WEDNESDAY, Aug 9, 2017
2017年8月9日
星期三

八月九日

【农历丁酉年　闰六月十八】

宋·李唐　　采薇图

THURSDAY, Aug 10, 2017
2017年8月10日

星期四

八月十日

【农历丁酉年　闰六月十九】

夫为国不可以生事，亦不可以畏事。畏事之弊，与生事均。譬如无病而服药，与有病而不服药，皆可以杀人。夫生事者，无病而服药也。畏事者，有病而不服药也。乃者阿里骨之请，人人知其不当予，而朝廷予之，以求无事，然事之起，乃至于此，不几于有病而不服药乎？今又欲遽纳夏人之使，则是病未除而药先止，其与几何。

——［宋］苏轼《因擒鬼章论西羌夏人事宜札子》

FRIDAY, Aug 11, 2017
2017年8月11日
星期五

八月十一日

【农历丁酉年　闰六月二十】

希腊化时代雕塑　　拉奥孔

SATURDAY, Aug 12, 2017
2017年8月12日
星期六

八月十二日

【农历丁酉年　闰六月廿一】

我家洗砚池边树，
朵朵花开淡墨痕。
不要人夸好颜色，
只留清气满乾坤。

——［元］王冕《墨梅》

SUNDAY, Aug 13, 2017
2017年8月13日
星期日

八月十三日

【农历丁酉年　闰六月廿二】

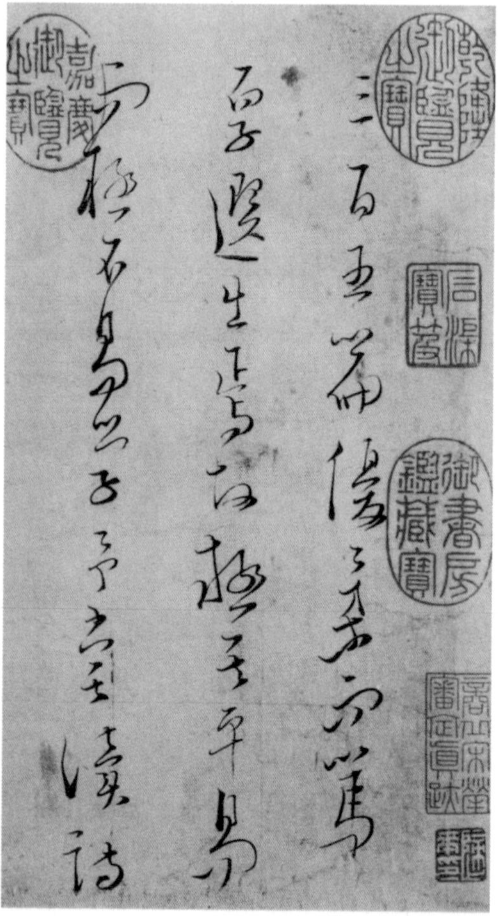

宋·文天祥　　木鸡集序卷（局部）

MONDAY, Aug 14, 2017
2017年8月14日
星期一

八月十四日

【农历丁酉年　闰六月廿三】

看似寻常最奇崛，
成如容易却艰辛。
——［宋］王安石《题张司业诗》

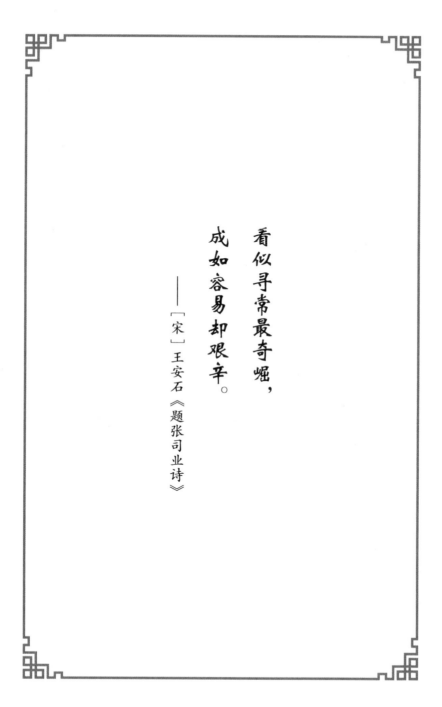

TUESDAY, Aug 15, 2017
2017年8月15日
星期二

八月十五日

【农历丁酉年　闰六月廿四】

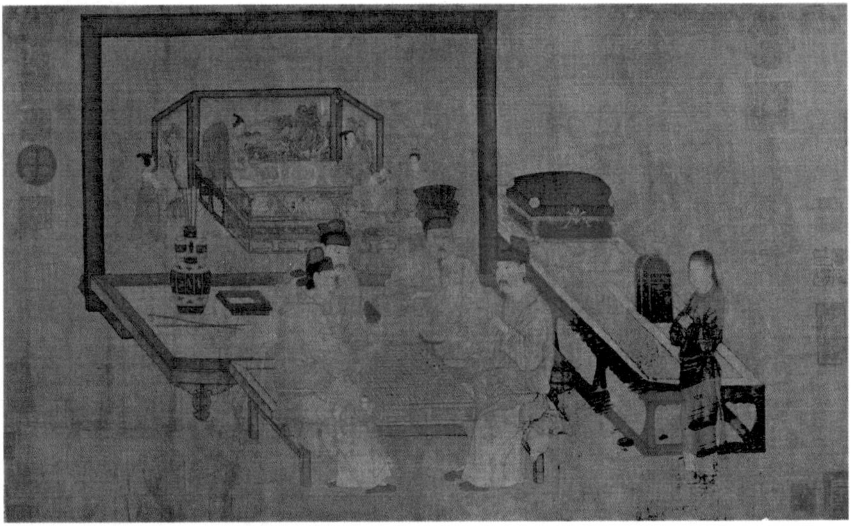

五代·周文矩　　重屏会棋图

WEDNESDAY, Aug 16, 2017
2017年8月16日
星期三

八月十六日

【农历丁酉年　闰六月廿五】

细雨斜风作小寒，淡烟疏柳媚晴滩，入淮清洛渐漫漫。
雪沫乳花浮午盏，蓼茸蒿笋试春盘，人间有味是清欢。

——［宋］苏轼《浣溪沙》

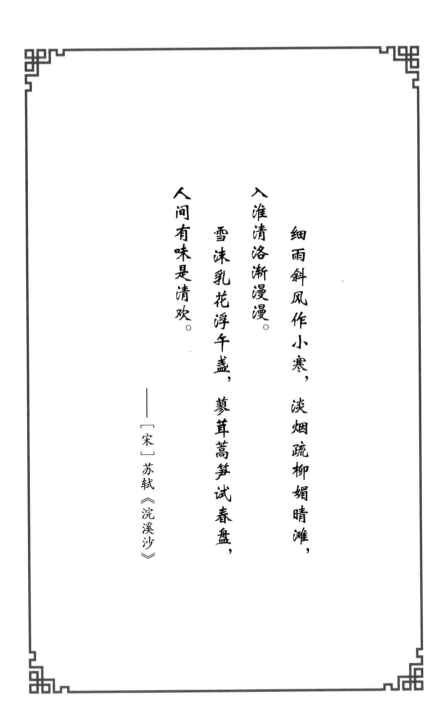

THURSDAY, Aug 17, 2017
2017年8月17日
星期四

八月十七日

【农历丁酉年　闰六月廿六】

[法] 亨利·卢梭　　梦

FRIDAY, Aug 18, 2017
2017年8月18日
星期五

八月十八日

【农历丁酉年　闰六月廿七】

宋·赵昌　　写生蛱蝶图全卷（局部）

SATURDAY, Aug 19, 2017
2017年8月19日
星期六

八月十九日

【农历丁酉年　闰六月廿八】

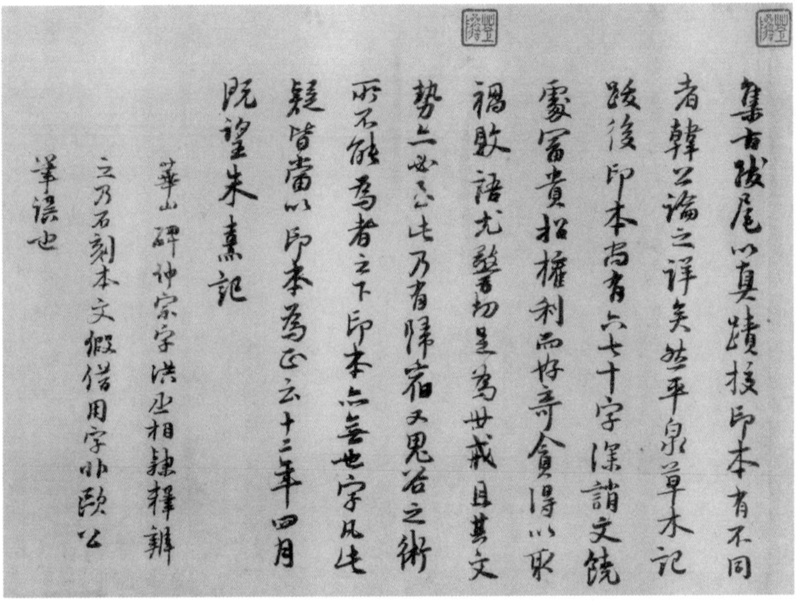

宋·朱熹　　跋欧阳修《集古录跋》

SUNDAY, Aug 20, 2017
2017年8月20日
星期日

八月二十日

【农历丁酉年　闰六月廿九】

千锤万击出深山，烈火焚烧若等闲。
粉身碎骨全不怕，要留清白在人间。

——［明］于谦《石灰吟》

MONDAY, Aug 21, 2017
2017年8月21日
星期一

八月二十一日

【农历丁酉年　闰六月三十】

唐·周昉　　簪花仕女图

TUESDAY, Aug 22, 2017
2017年8月22日
星期二

八月二十二日

【农历丁酉年　七月初一】

【农历丁酉年】

处暑

WEDNESDAY, Aug 23, 2017
2017年8月23日
星期三

八月二十三日

处暑

【农历丁酉年　七月初二】

宋·赵佶　　梅花绣眼图

THURSDAY, Aug 24, 2017
2017年8月24日
星期四

八月二十四日

【农历丁酉年　七月初三】

[法] 亨利·卢梭　　睡着的吉普赛人

FRIDAY, Aug 25, 2017
2017年8月25日
星期五

八月二十五日

【农历丁酉年　七月初四】

智不足以为治，勇不足以为强，则人材不足任，明也。而君人者不下庙堂之上，而知四海之外者，因物以识物，因人以知人也。故积力之所举，则无不胜也；众智之所为，则无不成也。

——［汉］刘安《淮南子·主术训》

SATURDAY, Aug 26, 2017
2017年8月26日
星期六

八月二十六日

【农历丁酉年　七月初五】

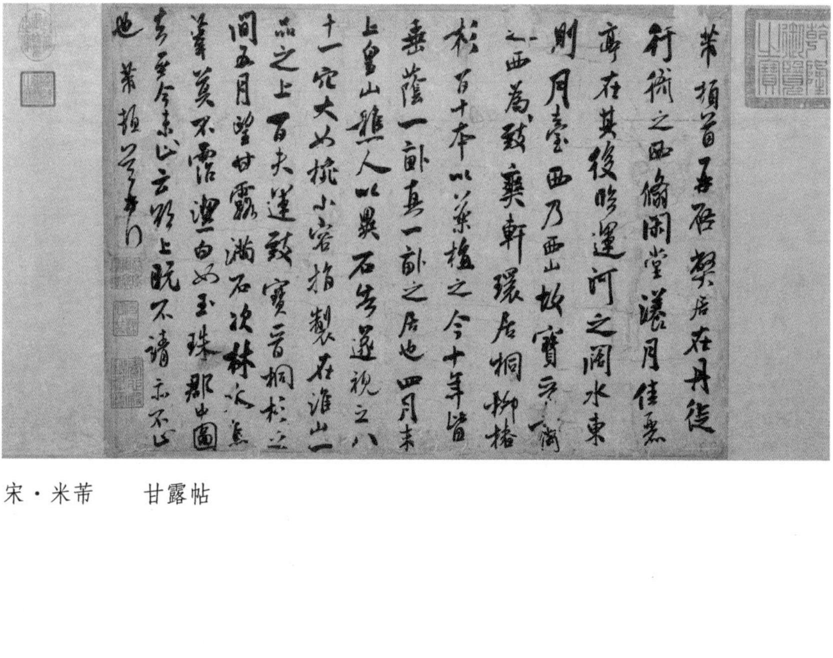

宋·米芾　　甘露帖

SUNDAY, Aug 27, 2017
2017年8月27日
星期日

八月二十七日

【农历丁酉年　七月初六】

一丝一粒，我之名节；一厘一毫，民之脂膏。宽一分，民受赐不止一分；取一文，我为人不值一文。谁云交际之常，廉耻实伤；倘非不义之财，此物何来？

——［清］张伯行《禁止馈送檄》

MONDAY, Aug 28, 2017
2017年8月28日
星期一

八月二十八日

七夕节

【农历丁酉年　七月初七】

宋·赵佶　　梅竹聚禽图

TUESDAY, Aug 29, 2017
2017年8月29日
星期二

八月二十九日

【农历丁酉年　七月初八】

为人在世莫嗜懒，嗜懒之人才智短。百事由懒做不成，临老噬脐悲已晚。士而懒，终身布衣不能换；农而懒，食不充肠衣不暖；工而懒，积聚万贯成星散。……士而勤，万里青云可致身；农而勤，盈盈仓廪成红陈；工而勤，巧手超群能动人；商而勤，腰中常缠千万金。噫嘻噫嘻复噫嘻，只在勤兮与懒兮。丈夫志气掀天地，拟上百尺竿头立。百尺竿头立不难，一勤天下无难事。

——［清］钱德苍《解人颐·勤懒歌》

WEDNESDAY, Aug 30, 2017
2017年8月30日
星期三

八月三十日

【农历丁酉年　七月初九】

[法]克劳德·莫奈　　桥·睡莲

THURSDAY, Aug 31, 2017
2017年8月31日
星期四

八月三十一日

【农历丁酉年　七月初十】

九月菊花傲秋风

玖 月

SEPTEMBER

塞翁失马，安知非福。

——《淮南子·人间训》

FRIDAY, Sep 1, 2017
2017年9月1日
星期五

九月一日

【农历丁酉年　七月十一】

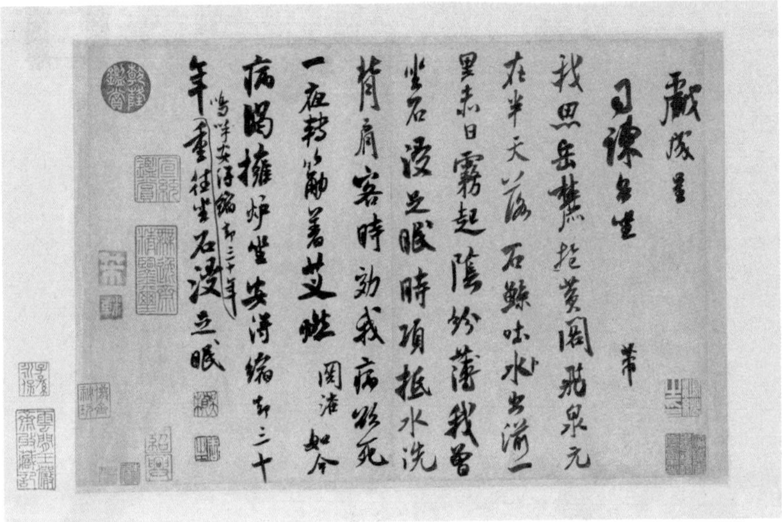

宋·米芾　　戏成诗帖

SATURDAY, Sep 2, 2017
2017年9月2日
星期六

九月二日

【农历丁酉年　七月十二】

智者千虑，必有一失；

愚者千虑，必有一得。

——《史记·淮阴侯列传》

SUNDAY, Sep 3, 2017
2017年9月3日
星期日

九月三日

【农历丁酉年　七月十三】

宋·郭熙　　寒林图

MONDAY, Sep 4, 2017
2017年9月4日
星期一

九月四日

【农历丁酉年　七月十四】

明者远见于未萌，智者避危于无形。

——［西汉］司马相如《谏猎书》

TUESDAY, Sep 5, 2017
2017年9月5日
星期二

九月五日

【农历丁酉年　七月十五】

[法]克劳德·莫奈　　撑阳伞的女人

WEDNESDAY, Sep 6, 2017
2017年9月6日
星期三

九月六日

【农历丁酉年　七月十六】

【农历丁酉年】

白露

THURSDAY, Sep 7, 2017
2017年9月7日
星期四

九月七日

白露

【农历丁酉年　七月十七】

遗子黄金满籯，不如一经。

——《汉书·韦贤传》

FRIDAY, Sep 8, 2017
2017年9月8日
星期五

九月八日

【农历丁酉年　七月十八】

宋·赵佶　　摹张萱捣练图（卷一）

SATURDAY, Sep 9, 2017
2017年9月9日
星期六

九月九日

【农历丁酉年　七月十九】

国而忘家，公而忘私。

——《汉书·贾谊传》

SUNDAY, Sep 10, 2017
2017年9月10日
星期日

九月十日

教师节

【农历丁酉年　七月二十】

清 · 朱耷　　野塘双雁图

MONDAY, Sep 11, 2017
2017年9月11日

星期一

九月十一日

【农历丁酉年　七月廿一】

祸固多藏于隐微，而发于人之所忽。

——《汉书·司马相如传下》

TUESDAY, Sep 12, 2017
2017年9月12日
星期二

九月十二日

【农历丁酉年　七月廿二】

［法］修拉　　马戏团

WEDNESDAY, Sep 13, 2017
2017年9月13日
星期三

九月十三日

【农历丁酉年　七月廿三】

为政而不行，甚者必变而更化之，乃可理也。

——《汉书·礼乐志》

THURSDAY, Sep 14, 2017
2017年9月14日
星期四

九月十四日

【农历丁酉年　七月廿四】

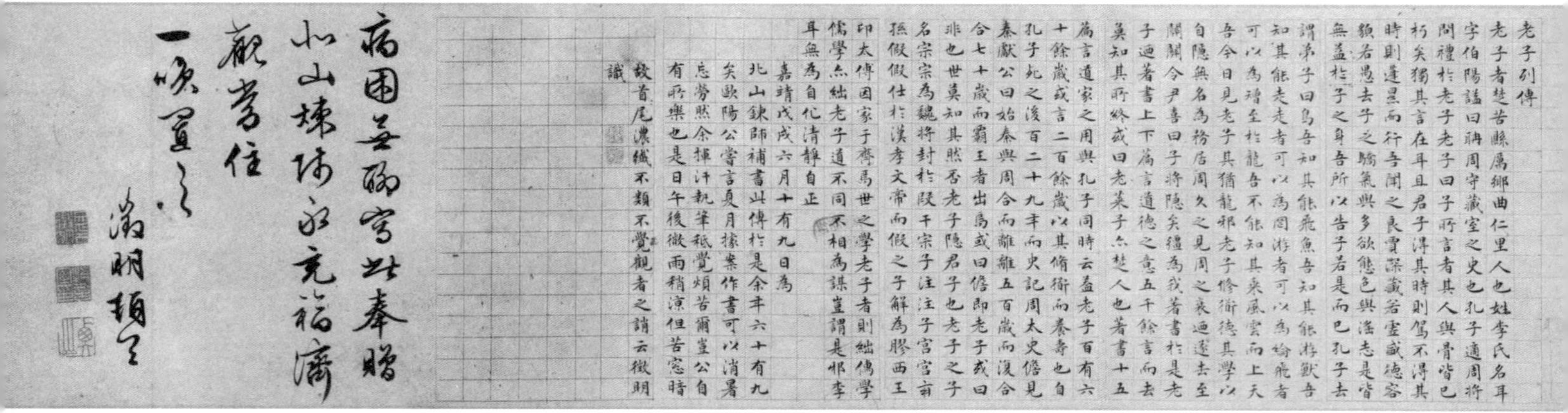

明・文征明　　小楷老子列传

FRIDAY, Sep 15, 2017
2017年9月15日
星期五

九月十五日

【农历丁酉年　七月廿五】

善禁者，先禁其身而后人；不善禁者，先禁人而后身。善禁之，至于不禁，令亦如之。若乃肆情于身，而绳欲于众，行诈于官，而矜实于民。求己之所有余，夺下之所不足，舍己之所易，责人之所难，怨之本也。

——［东汉］荀悦《申鉴·政体》

SATURDAY, Sep 16, 2017
2017年9月16日
星期六

九月十六日

【农历丁酉年　七月廿六】

清·袁江　　梁园飞雪图

SUNDAY, Sep 17, 2017
2017年9月17日

星期日

九月十七日

【农历丁酉年　七月廿七】

以身教者从，以言教者讼。

——《后汉书·第五伦传》

MONDAY, Sep 18, 2017
2017年9月18日
星期一

九月十八日

【农历丁酉年　七月廿八】

18世纪法国一幅描绘晚餐的图画——《哲学家》

TUESDAY, Sep 19, 2017
2017年9月19日
星期二

九月十九日

【农历丁酉年　七月廿九】

精诚所加，金石为开。

——《后汉书·广陵思王荆传》

WEDNESDAY, Sep 20, 2017
2017年9月20日
星期三

九月二十日

【农历丁酉年　八月初一】

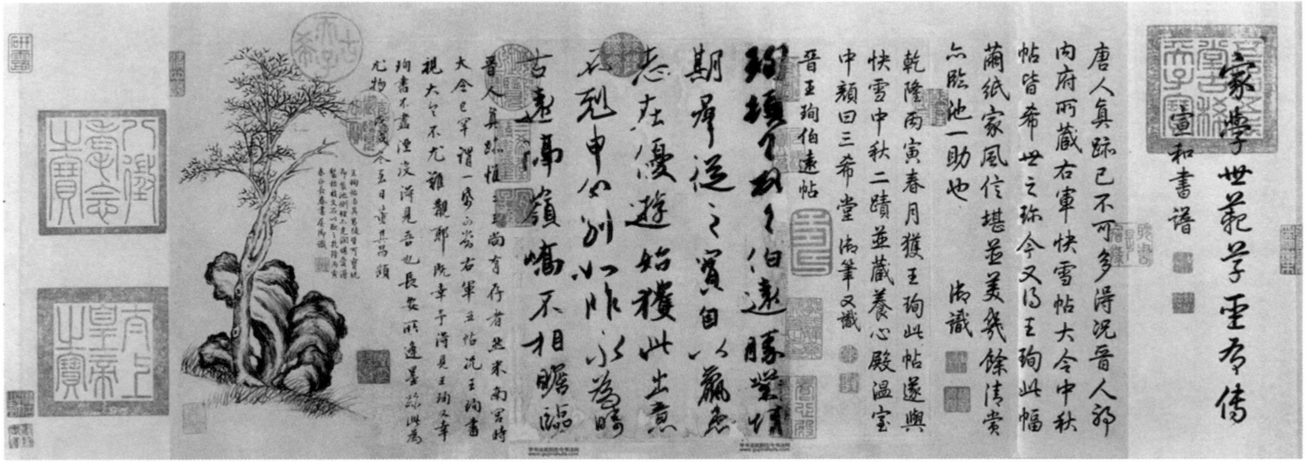

东晋·王珣　　伯远帖

THURSDAY, Sep 21, 2017
2017年9月21日
星期四

九月二十一日

【农历丁酉年　八月初二】

功以才成，业由才广。

——［晋］陈寿《三国志》

FRIDAY, Sep 22, 2017
2017年9月22日
星期五

九月二十二日

【农历丁酉年　八月初三】

【农历丁酉年】

秋分

SATURDAY, Sep 23, 2017
2017年9月23日
星期六

九月二十三日

秋分

【农历丁酉年　八月初四】

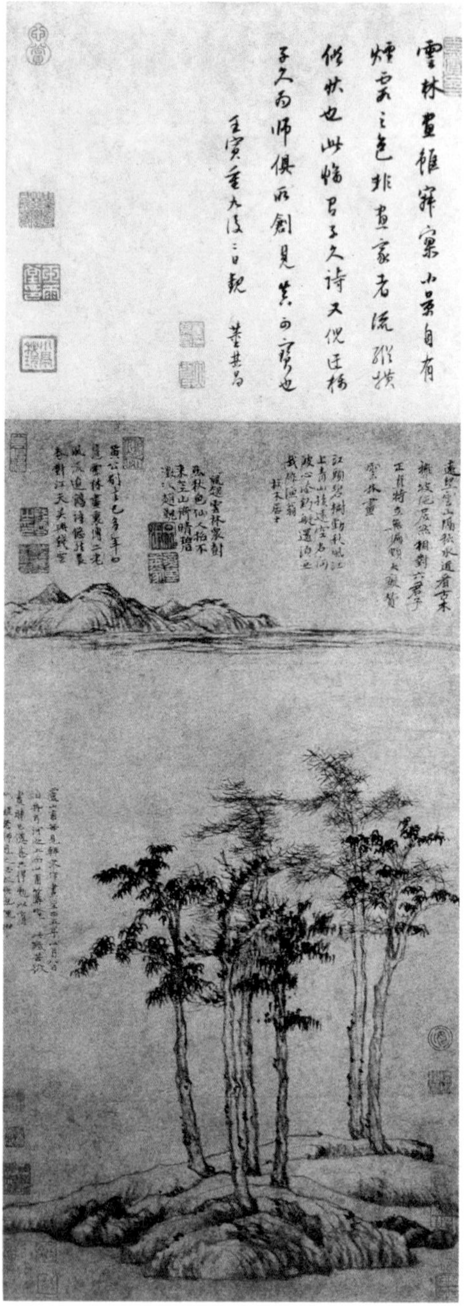

元・倪瓒　　六君子图

SUNDAY, Sep 24, 2017
2017年9月24日

星期日

九月二十四日

【农历丁酉年　八月初五】

疾风知劲草，板荡识诚臣。
勇夫安识义，智者必怀仁。

——［唐］李世民《赋萧瑀》

MONDAY, Sep 25, 2017
2017年9月25日
星期一

九月二十五日

【农历丁酉年　八月初六】

［德］加斯帕·弗里德里希　　流浪者在云海上（绘于1818年）

TUESDAY, Sep 26, 2017
2017年9月26日
星期二

九月二十六日

【农历丁酉年　八月初七】

为政之要，惟在得人，

用非其人，必难致治。

——《贞观政要·崇儒学》

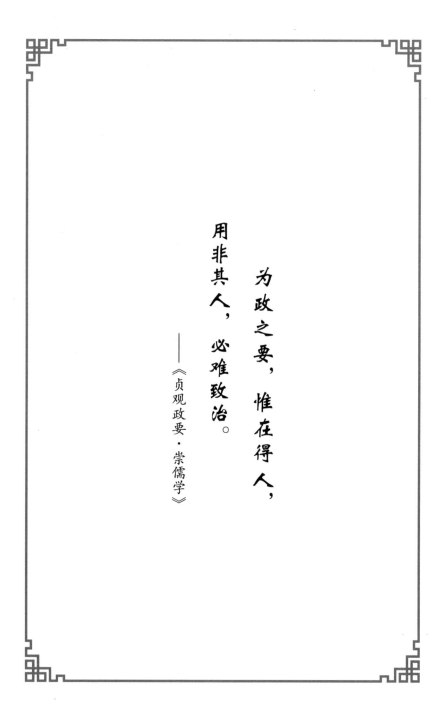

WEDNESDAY, Sep 27, 2017
2017年9月27日
星期三

九月二十七日

【农历丁酉年　八月初八】

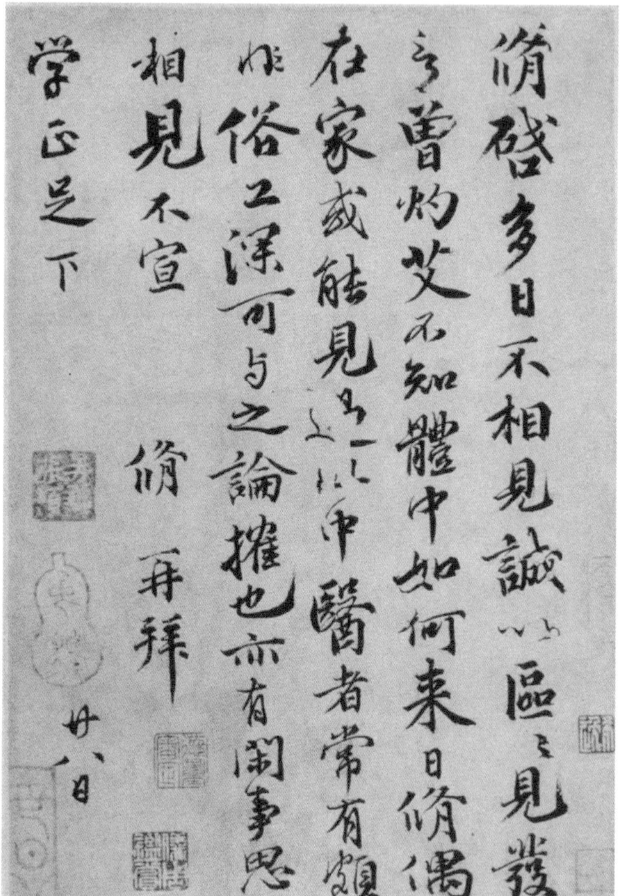

宋・欧阳修　　灼艾帖

THURSDAY, Sep 28, 2017
2017年9月28日
星期四

九月二十八日

【农历丁酉年　八月初九】

白日依山尽，黄河入海流。
欲穷千里目，更上一层楼。
——〔唐〕王之涣《登鹳雀楼》

FRIDAY, Sep 29, 2017
2017年9月29日
星期五

九月二十九日

【农历丁酉年　八月初十】

宋·苏汉臣　　秋庭戏婴图

SATURDAY, Sep 30, 2017
2017年9月30日
星期六

九月三十日

【农历丁酉年　八月十一】

十月芙蓉迎寒霜

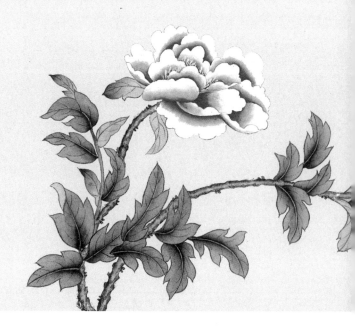

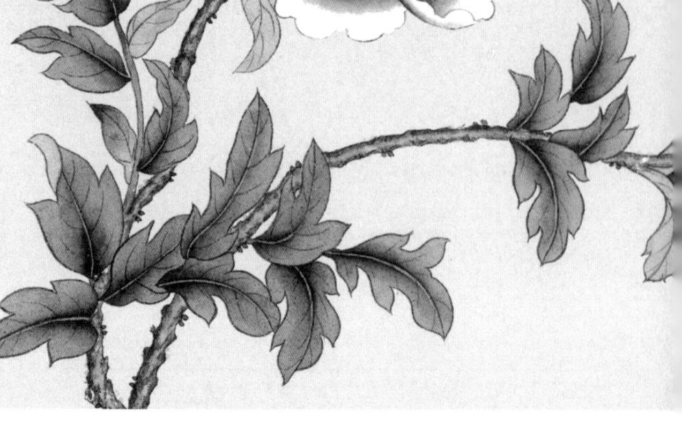

拾月 OCTOBER

泾溪石险人兢慎，
终岁不闻倾覆人。
却是平流无石处，
时时闻说有沉沦。

——［唐］杜荀鹤《泾溪》

SUNDAY, Oct 1, 2017
2017年10月1日
星期日

十月一日

国庆节

【农历丁酉年　八月十二】

［法］安格尔　　荷马受尊为神

MONDAY, Oct 2, 2017
2017年10月2日
星期一

十月二日

【农历丁酉年　八月十三】

前车之覆轨，后车之明鉴。

——［唐］房玄龄等《晋书》

TUESDAY, Oct 3, 2017
2017年10月3日

星期二

十月三日

【农历丁酉年　八月十四】

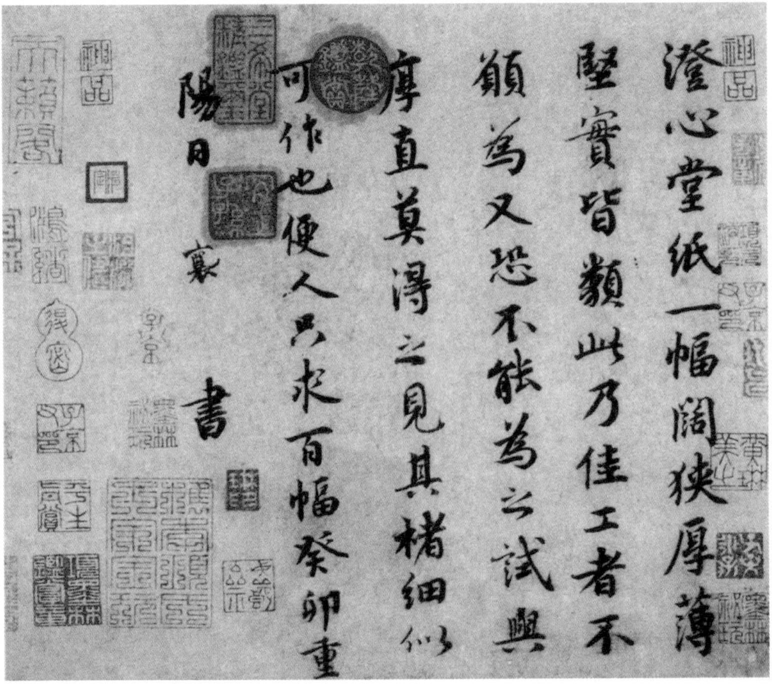
澄心堂紙一幅闊狹厚薄
堅實皆類此乃佳工者不
願為又恐不能為之試與
厚直莫得之見其楮細似
可作也便人只求百幅癸卯重
陽日襄書

宋·蔡襄　　澄心堂帖

WEDNESDAY, Oct 4, 2017
2017年10月4日
星期三

十月四日

中秋节

【农历丁酉年　八月十五】

洛下舟车入，天中贡赋均。
日闻红粟腐，寒待翠华春。
莫取金汤固，长令宇宙新。
不过行俭德，盗贼本王臣。

——［唐］杜甫《有感五首之三》

THURSDAY, Oct 5, 2017
2017年10月5日
星期四

十月五日

【农历丁酉年　八月十六】

宋·郭熙　　早春图

FRIDAY, Oct 6, 2017
2017年10月6日
星期五

十月六日

【农历丁酉年　八月十七】

历览前贤国与家，成由勤俭破由奢。
何须琥珀方为枕，岂得真珠始是车。
运去不逢青海马，力穷难拔蜀山蛇。
几人曾预南薰曲，终古苍梧哭翠华。

——［唐］李商隐《咏史》

SATURDAY, Oct 7, 2017
2017年10月7日
星期六

十月七日

【农历丁酉年　八月十八】

【农历丁酉年】

寒露

SUNDAY, Oct 8, 2017
2017年10月8日
星期日

十月八日

寒露

【农历丁酉年　八月十九】

［法］奥迪伦·雷东　眼睛

MONDAY, Oct 9, 2017
2017年10月9日
星期一

十月九日

【农历丁酉年　八月二十】

长忆观潮，满郭人争江上望。来疑沧海尽成空，万面鼓声中。弄潮儿向涛头立，手把红旗旗不湿。别来几向梦中看，梦觉尚心寒。

——［宋］潘阆《酒泉子·忆余杭》

TUESDAY, Oct 10, 2017
2017年10月10日
星期二

十月十日

【农历丁酉年　八月廿一】

明·陈洪绶　　对镜仕女图

WEDNESDAY, Oct 11, 2017
2017年10月11日
星期三

十月十一日

【农历丁酉年　八月廿二】

《书》曰：『满招损，谦得益。』忧劳可以兴国，逸豫可以亡身，自然之理也。故方其盛也，举天下之豪杰，莫能与之争；及其衰也，数十伶人困之，而身死国灭，为天下笑。夫祸患常积于忽微，而智勇多困于所溺，岂独伶人也哉！作《伶官传》。

——〔宋〕欧阳修《新五代史·伶官传第二十五》

THURSDAY, Oct 12, 2017
2017年10月12日

星期四

十月十二日

【农历丁酉年　八月廿三】

明·戴进　　溪边隐士图

FRIDAY, Oct 13, 2017
2017年10月13日
星期五

十月十三日

【农历丁酉年　八月廿四】

谦虚其心，宏大其量。

——［明］王阳明《传习录》

SATURDAY, Oct 14, 2017
2017年10月14日
星期六

十月十四日

【农历丁酉年　八月廿五】

［法］毕沙罗　　小村入口

SUNDAY, Oct 15, 2017
2017年10月15日
星期日

十月十五日

【农历丁酉年　八月廿六】

未有知而不行者。知而不行，只是未知。

——〔明〕王阳明《传习录》

MONDAY, Oct 16, 2017
2017年10月16日
星期一

十月十六日

【农历丁酉年　八月廿七】

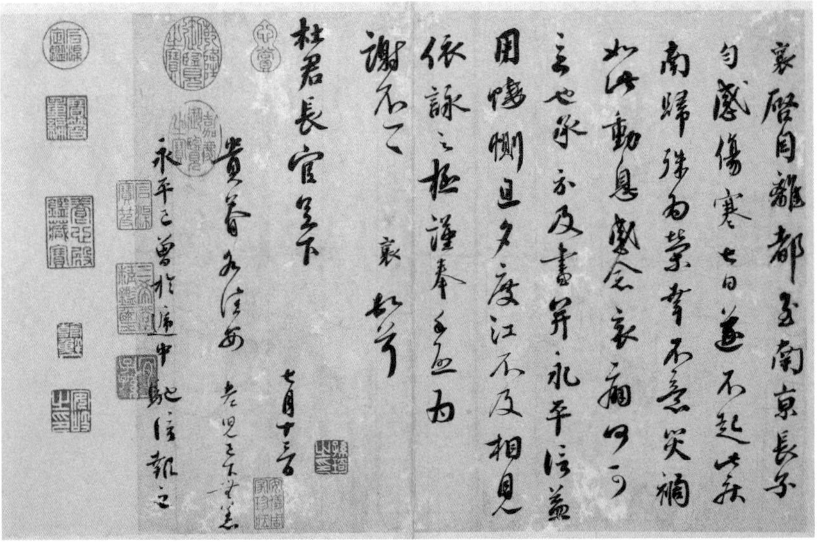

宋·蔡襄　　致杜君长官尺牍

TUESDAY, Oct 17, 2017
2017年10月17日
星期二

十月十七日

【农历丁酉年　八月廿八】

人需在事上磨，方可立得住，
方能静亦定，动亦定。

——［明］王阳明《传习录》

WEDNESDAY, Oct 18, 2017
2017年10月18日
星期三

十月十八日

【农历丁酉年　八月廿九】

清・汪士慎　　山茶幽兰图

THURSDAY, Oct 19, 2017
2017年10月19日
星期四

十月十九日

【农历丁酉年　八月三十】

无善无恶心之体，
有善有恶意之动。
知善知恶是良知，
为善去恶是格物。

——［明］王阳明《传习录》

FRIDAY, Oct 20, 2017
2017年10月20日

星期五

十月二十日

【农历丁酉年　九月初一】

[法] 皮埃尔·普纳斯·德·查文斯　　贫穷的渔夫

SATURDAY, Oct 21, 2017
2017年10月21日
星期六

十月二十一日

【农历丁酉年　九月初二】

人生大病，只是一傲字。

——〔明〕王阳明《传习录》

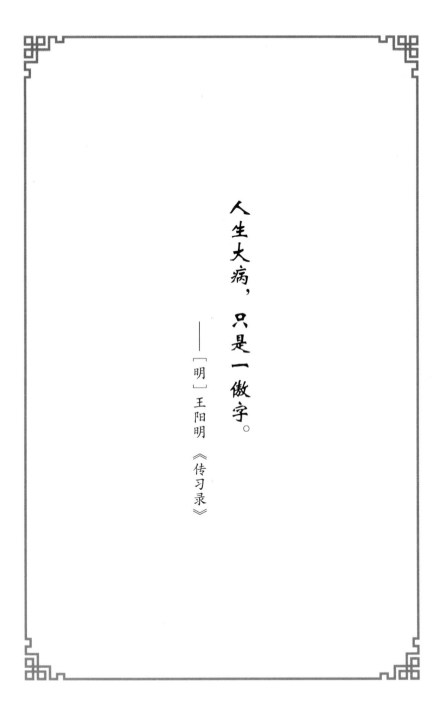

SUNDAY, Oct 22, 2017
2017年10月22日

星期日

十月二十二日

【农历丁酉年　九月初三】

【农历丁酉年】

霜降

MONDAY, Oct 23, 2017
2017年10月23日
星期一

十月二十三日

霜降

【农历丁酉年　九月初四】

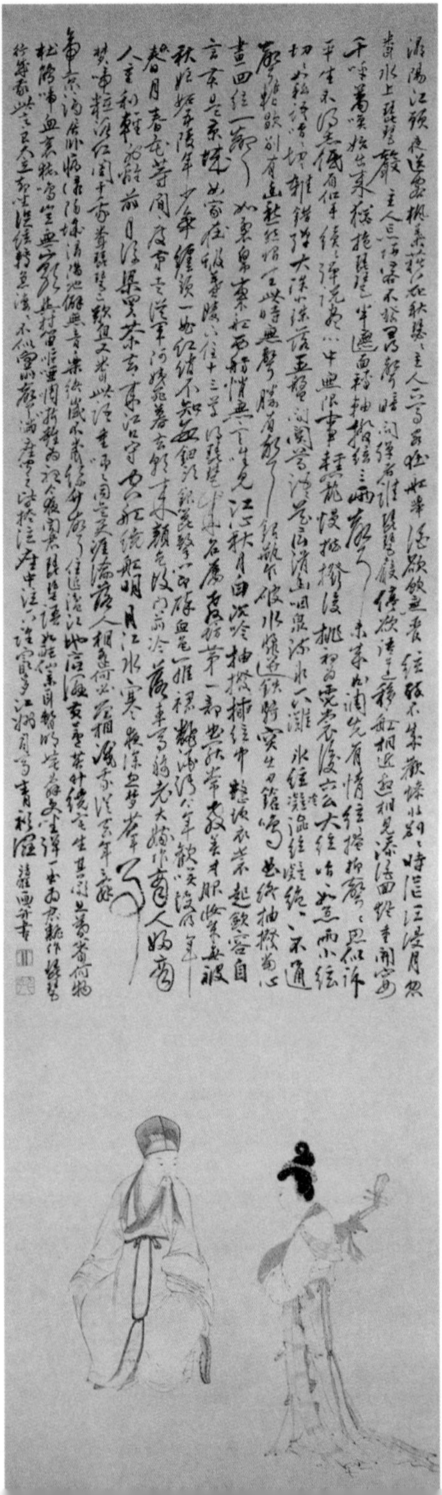

明·郭诩　琵琶行图

TUESDAY, Oct 24, 2017
2017年10月24日
星期二

十月二十四日

【农历丁酉年　九月初五】

种树者必培其根，
种德者必养其心。
——［明］王阳明《传习录》

WEDNESDAY, Oct 25, 2017
2017年10月25日
星期三

十月二十五日

【农历丁酉年　九月初六】

元・王蒙　　稚川移居图

THURSDAY, Oct 26, 2017
2017年10月26日
星期四

十月二十六日

【农历丁酉年　九月初七】

勤字功夫，第一贵早起，第二贵有恒；凡将相无种，圣贤豪杰无种，只要人肯立志，都可以做得到的。

——《曾国藩家书》

FRIDAY, Oct 27, 2017
2017年10月27日
星期五

十月二十七日

【农历丁酉年　九月初八】

[法] 雅克·路易·大卫　　卢森堡皇家花园

SATURDAY, Oct 28, 2017
2017年10月28日
星期六

十月二十八日

【农历丁酉年　九月初九】

盖士人读书，第一要有志，第二要有识，第三要有恒。有志则不甘为下流，有识则知学问无尽，不能以一得自足，有恒则断无不成之事。此三者缺一不可。

——《曾国藩家书》

SUNDAY, Oct 29, 2017
2017年10月29日
星期日

十月二十九日

【农历丁酉年　九月初十】

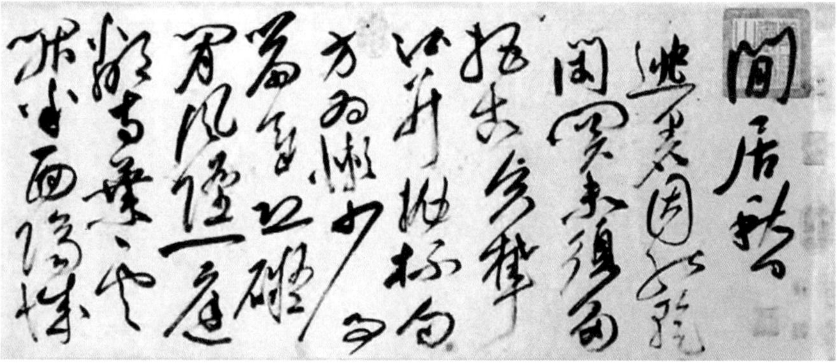

明·祝允明　　闲居秋日诗卷（局部）

MONDAY, Oct 30, 2017
2017年10月30日
星期一

十月三十日

【农历丁酉年　九月十一】

一曰慎独则心安；二曰主敬则身强；三曰求仁则人悦；四曰习劳则神钦。

——《曾国藩家书》

TUESDAY, Oct 31, 2017
2017年10月31日
星期二

十月三十一日

【农历丁酉年　九月十二】

十一月山茶初开放

拾壹 月 NOVEMBER

看此園中數芽聊知壽千季
在工壓倒湖南之桂霧沒丹鳳未相啼
丙寅中秋前二日傲秋拔先生畫正 吳冷岩

清·諸升　竹

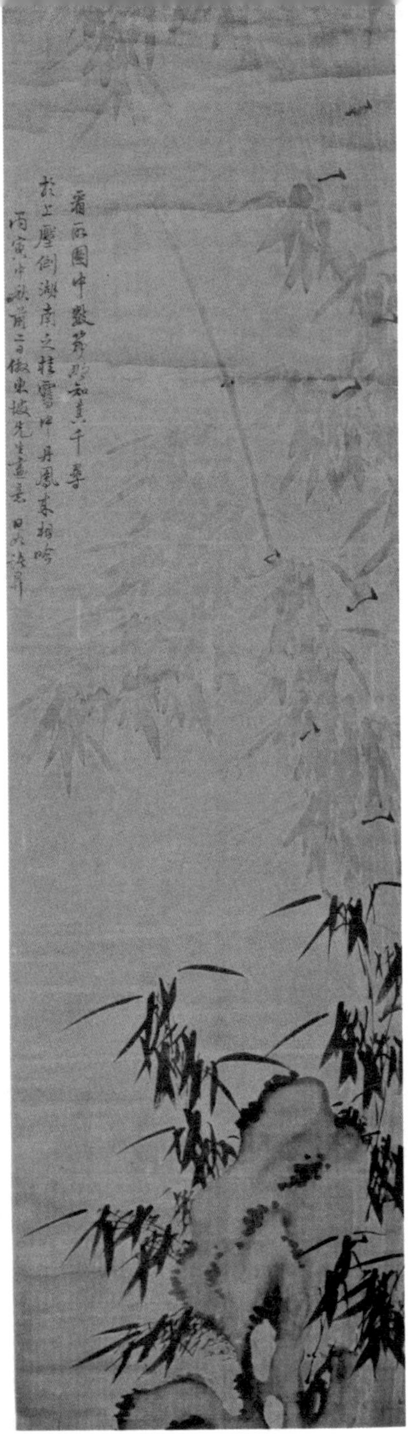

WEDNESDAY, Nov 1, 2017
2017年11月1日
星期三

十一月一日

【农历丁酉年　九月十三】

三乐：勤劳而且憩息，一乐也；至淡以消嫉妒之心，二乐也；读书声出金石，三乐也。

——《曾国藩家书》

THURSDAY, Nov 2, 2017
2017年11月2日
星期四

十一月二日

【农历丁酉年　九月十四】

[意] 西米努斯家族　　柏拉图与其弟子交谈

FRIDAY, Nov 3, 2017
2017年11月3日
星期五

十一月三日

【农历丁酉年　九月十五】

欲知平直，则必准绳；

欲知方圆，则必规矩。

——《吕氏春秋·不苟论·自知》

SATURDAY, Nov 4, 2017
2017年11月4日
星期六

十一月四日

【农历丁酉年 九月十六】

明·祝允明　　云江记（局部）

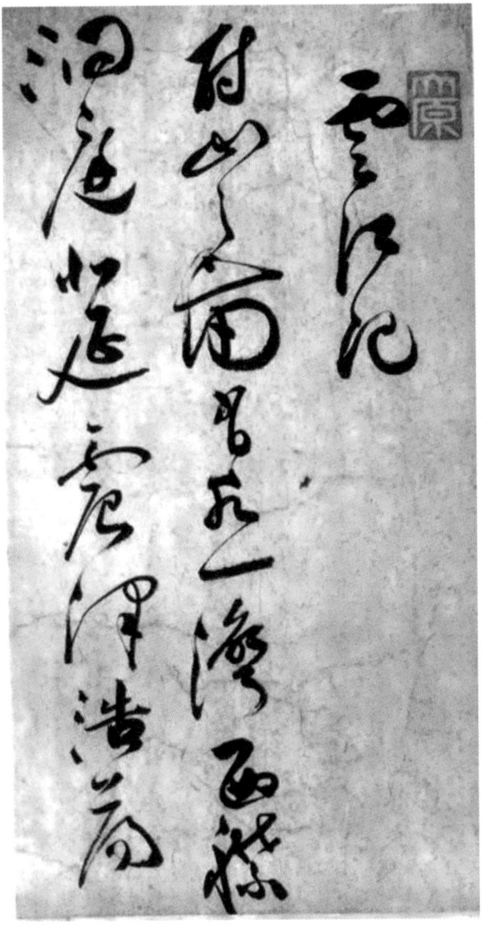

SUNDAY, Nov 5, 2017
2017年11月5日
星期日

十一月五日

【农历丁酉年　九月十七】

二人同心，其利断金；
同心之言，其臭如兰。
——《周易·系辞上》

MONDAY, Nov 6, 2017
2017年11月6日
星期一

十一月六日

【农历丁酉年　九月十八】

【农历丁酉年】

立冬

TUESDAY, Nov 7, 2017
2017年11月7日
星期二

十一月七日

立冬

【农历丁酉年　九月十九】

清·刘德元　　山花黄雀图

WEDNESDAY, Nov 8, 2017
2017年11月8日
星期三

十一月八日

【农历丁酉年　九月二十】

君子藏器于身，待时而动。

——《周易·系辞下》

THURSDAY, Nov 9, 2017
2017年11月9日
星期四

十一月九日

【农历丁酉年　九月廿一】

[法]保罗·德拉罗什　　1789年攻占巴士底狱的人们在市政厅前

FRIDAY, Nov 10, 2017
2017年11月10日
星期五

十一月十日

【农历丁酉年　九月廿二】

国有六职，百工与居一焉。或坐而论道，或作而行之，或审曲面执，以饬五材，以辨民器，或通四方之珍异以资之，或饬力以长地财，或治丝麻以成之。

——《周礼·冬官考工记》

SATURDAY, Nov 11, 2017
2017年11月11日
星期六

十一月十一日

【农历丁酉年　九月廿三】

唐·韩幹　　牧马图

SUNDAY, Nov 12, 2017
2017年11月12日
星期日

十一月十二日

【农历丁酉年　九月廿四】

满招损，谦受益。

——《尚书·大禹谟》

MONDAY, Nov 13, 2017
2017年11月13日
星期一

十一月十三日

【农历丁酉年　九月廿五】

清·吴昌硕　　黄金果

TUESDAY, Nov 14, 2017
2017年11月14日
星期二

十一月十四日

【农历丁酉年　九月廿六】

知耻近乎勇。

——《礼记·中庸》

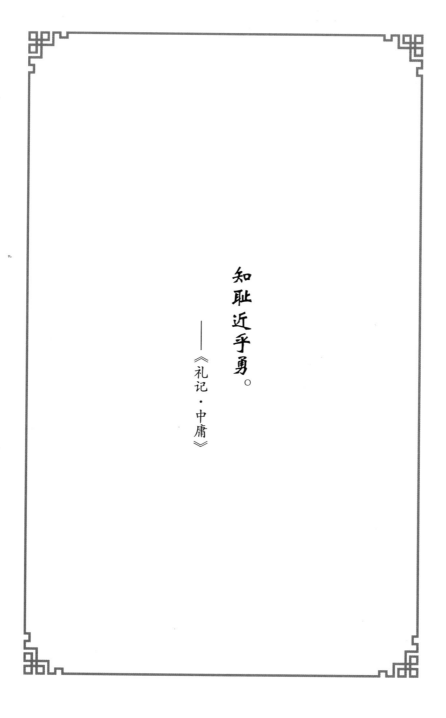

WEDNESDAY, Nov 15, 2017
2017年11月15日
星期三

十一月十五日

【农历丁酉年　九月廿七】

[法] 爱德华·马奈　　基尔塞号与阿拉巴马号海上对决

THURSDAY, Nov 16, 2017
2017年11月16日
星期四

十一月十六日

【农历丁酉年　九月廿八】

人皆可以为尧舜。

——《孟子·告子下》

FRIDAY, Nov 17, 2017
2017年11月17日
星期五

十一月十七日

【农历丁酉年　九月廿九】

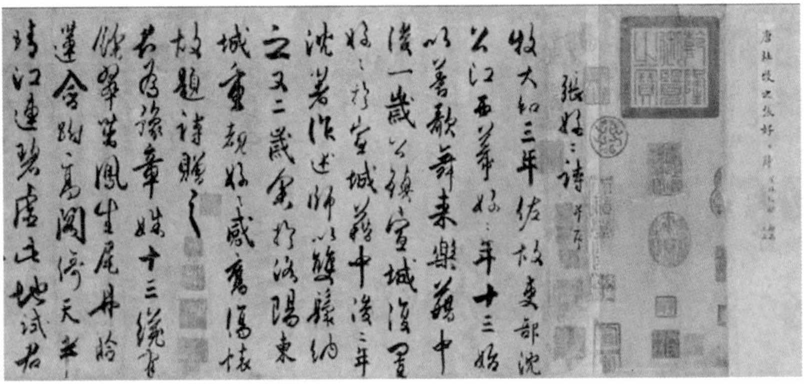

唐·杜牧　　张好好诗

SATURDAY, Nov 18, 2017
2017年11月18日
星期六

十一月十八日

【农历丁酉年　十月初一】

千丈之堤，以蝼蚁之穴溃；百尺之室，以突隙之烟焚。

——《韩非子·喻老》

SUNDAY, Nov 19, 2017
2017年11月19日
星期日

十一月十九日

【农历丁酉年　十月初二】

五代·周文矩　　重屏会棋图（局部）

MONDAY, Nov 20, 2017
2017年11月20日
星期一

十一月二十日

【农历丁酉年　十月初三】

良药苦口利于病，忠言逆于耳而利于行。

——《孔子家语·六本》

TUESDAY, Nov 21, 2017
2017年11月21日
星期二

十一月二十一日

【农历丁酉年　十月初四】

【农历丁酉年】

小雪

WEDNESDAY, Nov 22, 2017
2017年11月22日
星期三

十一月二十二日

小雪

【农历丁酉年　十月初五】

[法]杜比涅　　丰收

THURSDAY, Nov 23, 2017
2017年11月23日
星期四

十一月二十三日

【农历丁酉年　十月初六】

躬自厚而薄责于人，则远怨矣。

——《论语·卫灵公》

FRIDAY, Nov 24, 2017
2017年11月24日
星期五

十一月二十四日

【农历丁酉年　十月初七】

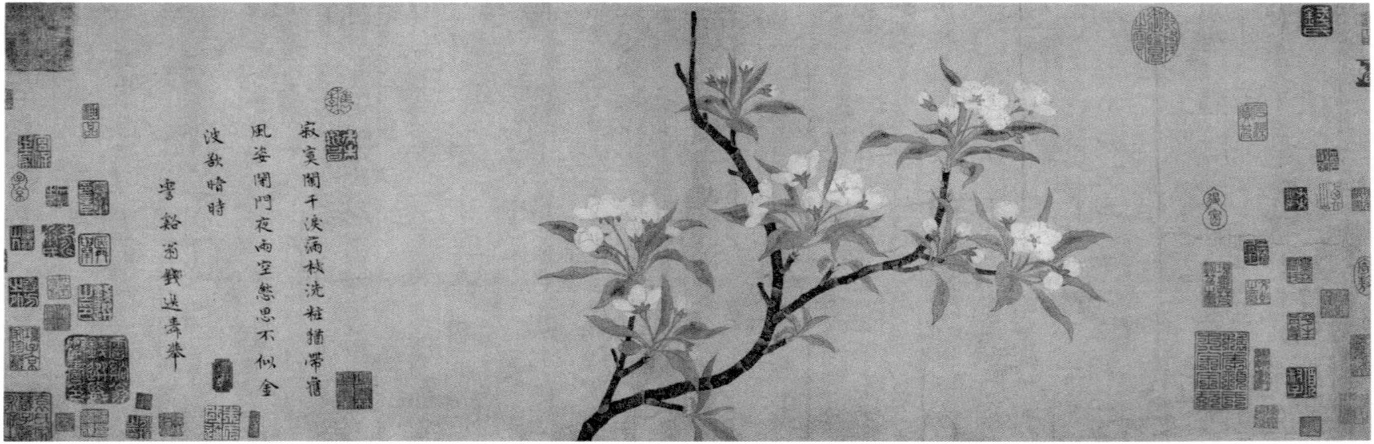
寂寞闌干淚滿枝洗粧猶帶舊
風姿閉門夜雨空愁思不似金
波欲暗時
霅谿翁錢選舜舉

元・钱选　　梨花图

SATURDAY, Nov 25, 2017
2017年11月25日
星期六

十一月二十五日

【农历丁酉年　十月初八】

不怨天，不尤人。

——《论语·宪问》

SUNDAY, Nov 26, 2017
2017年11月26日
星期日

十一月二十六日

【农历丁酉年　十月初九】

五代 · 卫贤　　闸口盘车图

MONDAY, Nov 27, 2017
2017年11月27日
星期一

十一月二十七日

【农历丁酉年　十月初十】

君子有九思：视思明，听思聪，色思温，貌思恭，言思忠，事思敬，疑思问，忿思难，见得思义。

——《论语·李氏》

TUESDAY, Nov 28, 2017
2017年11月28日
星期二

十一月二十八日

【农历丁酉年　十月十一】

[荷]托马斯·韦克　　炼金术士

WEDNESDAY, Nov 29, 2017
2017年11月29日
星期三

十一月二十九日

【农历丁酉年　十月十二】

志合者，不以山海为远；道乖者，不以咫尺为近。故有跋涉而游集，亦或密迩而不接。

——［晋］葛洪《抱朴子·博喻》

THURSDAY, Nov 30, 2017
2017年11月30日
星期四

十一月三十日

【农历丁酉年　十月十三】

十二月梅花雪里香

拾贰 月

DECEMBER

明·顾正谊　　山水卷

FRIDAY, Dec 1, 2017
2017年12月1日
星期五

十二月一日

【农历丁酉年　十月十四】

明 · 崔子忠　　云林洗桐图

SATURDAY, Dec 2, 2017
2017年12月2日
星期六

十二月二日

【农历丁酉年　十月十五】

明·蓝瑛　　桃花渔隐图

SUNDAY, Dec 3, 2017
2017年12月3日
星期日

十二月三日

【农历丁酉年　十月十六】

责人之心责己，恕己之心恕人。

——《增广贤文》

MONDAY, Dec 4, 2017
2017年12月4日
星期一

十二月四日

【农历丁酉年　十月十七】

[法] 杜努依　　在公园沉思的卢梭

TUESDAY, Dec 5, 2017
2017年12月5日
星期二

十二月五日

【农历丁酉年　十月十八】

人谁无过，过而能改，善莫大焉。

——《左传·宣公二年》

WEDNESDAY, Dec 6, 2017
2017年12月6日
星期三

十二月六日

【农历丁酉年　十月十九】

【农历丁酉年】

大雪

THURSDAY, Dec 7, 2017
2017年12月7日

星期四

十二月七日

大雪

【农历丁酉年　十月二十】

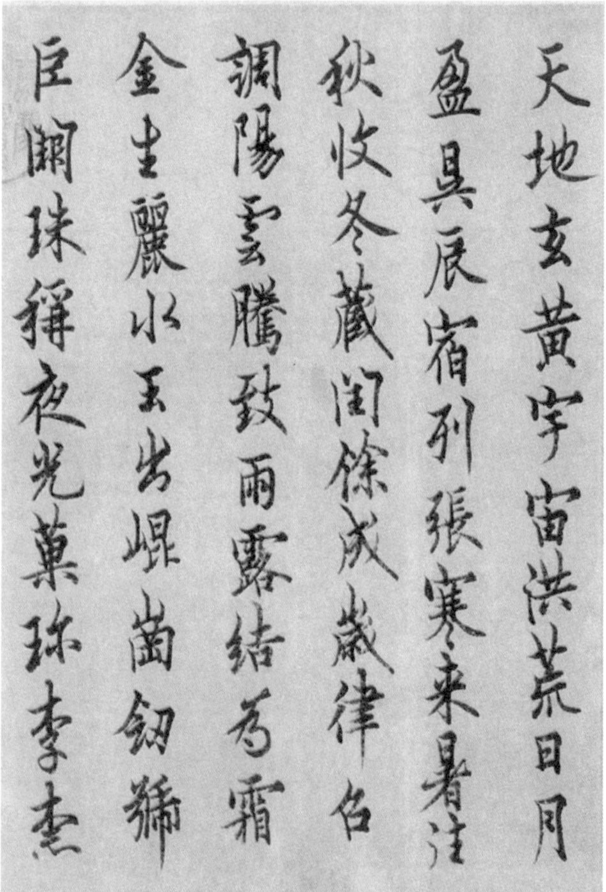

唐·欧阳询　　行书千字文（局部）

FRIDAY, Dec 8, 2017
2017年12月8日
星期五

十二月八日

【农历丁酉年　十月廿一】

不以一眚掩大德。

——《左传·僖公三十三年》

SATURDAY, Dec 9, 2017
2017年12月9日
星期六

十二月九日

【农历丁酉年　十月廿二】

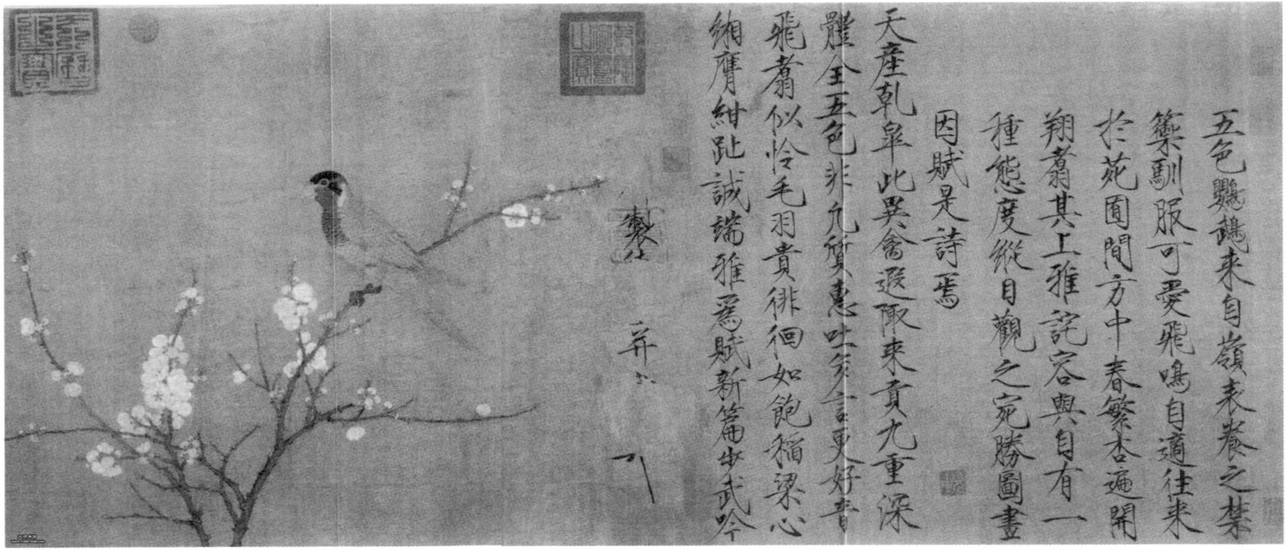
五色鸚鵡来自嶺表養之禁
籞馴服可愛飛鳴自適往来
於苑囿間方中春繁杏遍開
翔翥其上雅詫容與自有一
種態度縱目觀之宛勝圖畫
因賦是詩焉
天產乾皋此異禽遐陬来貢九重深
體全五色非凡質惠吐多言更好音
飛翥似憐毛羽貴徘徊如飽稻粱心
緗膺紺趾誠端雅爲賦新篇步武吟

宋·赵佶　　五色鹦鹉图

SUNDAY, Dec 10, 2017
2017年12月10日
星期日

十二月十日

【农历丁酉年　十月廿三】

君人者不下庙堂之上，而知四海之外者，因物以识物，因人以知人也。故积力之所举，则无不胜也；众智之所为，则无不成也。

——［汉］刘安《淮南子·主术训》

MONDAY, Dec 11, 2017
2017年12月11日
星期一

十二月十一日

【农历丁酉年　十月廿四】

［法］古斯塔夫·卡勒波特　　人与窗

TUESDAY, Dec 12, 2017
2017年12月12日
星期二

十二月十二日

【农历丁酉年　十月廿五】

义感君子，利动小人。

——《晋书·符登传》

WEDNESDAY, Dec 13, 2017
2017年12月13日
星期三

十二月十三日

【农历丁酉年　十月廿六】

唐・褚遂良　　雁塔圣教序（局部）

THURSDAY, Dec 14, 2017
2017年12月14日
星期四

十二月十四日

【农历丁酉年　十月廿七】

为国之道，食不如信。

立人之要，先质后文。

——《宋书》

FRIDAY, Dec 15, 2017
2017年12月15日
星期五

十二月十五日

【农历丁酉年　十月廿八】

元·倪瓒　　乔木幽篁图

SATURDAY, Dec 16, 2017
2017年12月16日
星期六

十二月十六日

【农历丁酉年　十月廿九】

忧劳可以兴国，逸豫可以亡身，自然之理也。

——［宋］欧阳修《新五代史·伶官传序》

SUNDAY, Dec 17, 2017
2017年12月17日
星期日

十二月十七日

【农历丁酉年　十月三十】

荷兰绘画，描绘了《圣经·创世纪》中的巴别塔，该塔象征人类的傲慢与悖逆。

MONDAY, Dec 18, 2017
2017年12月18日
星期一

十二月十八日

【农历丁酉年　十一月初一】

居官当廉正自守，
毋黩货以丧身败家。
——《元史·刘斌传》

TUESDAY, Dec 19, 2017
2017年12月19日
星期二

十二月十九日

【农历丁酉年　十一月初二】

元·钱选　　来禽栀子图

WEDNESDAY, Dec 20, 2017
2017年12月20日
星期三

十二月二十日

【农历丁酉年　十一月初三】

朝廷行事苟不自正，

何以正天下？

——《金史·世宗上》

THURSDAY, Dec 21, 2017
2017年12月21日
星期四

十二月二十一日

【农历丁酉年　十一月初四】

【农历丁酉年】

冬至

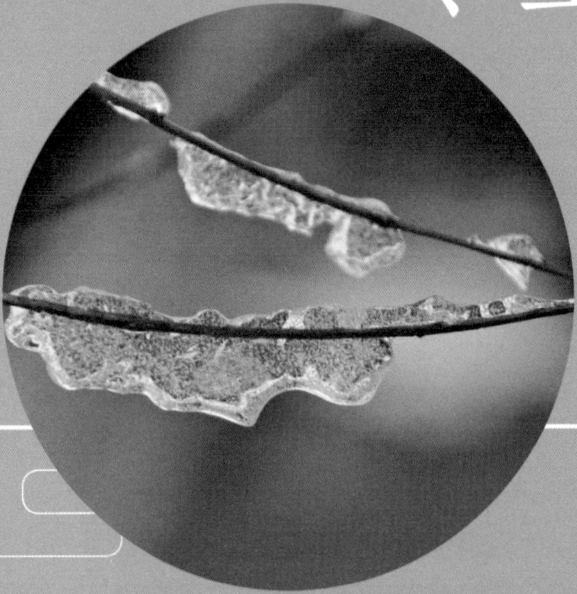

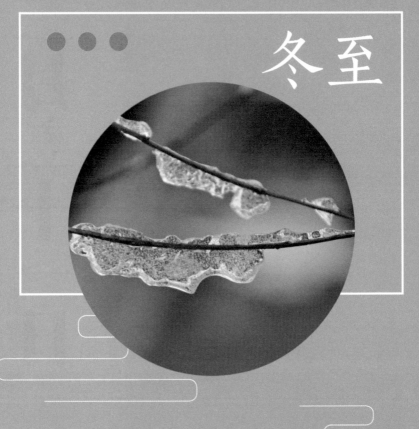

FRIDAY, Dec 22, 2017
2017年12月22日
星期五

十二月二十二日

冬至

【农历丁酉年　十一月初五】

明·王世昌　　山水图

SATURDAY, Dec 23, 2017
2017年12月23日
星期六

十二月二十三日

【农历丁酉年　十一月初六】

君子立身，虽云百行，

唯诚与孝，最为其首。

——《隋书》

SUNDAY, Dec 24, 2017
2017年12月24日
星期日

十二月二十四日

【农历丁酉年　十一月初七】

[西] 穆里罗　　小水果贩子

MONDAY, Dec 25, 2017
2017年12月25日
星期一

十二月二十五日

圣诞节

【农历丁酉年　十一月初八】

居天下之广居，立天下之正位，行天下之正道，得志则与民由之，不得志则独行其道，富贵不能淫，贫贱不能移，威武不能诎，是之谓大丈夫。

——《孟子·滕文公下》

TUESDAY, Dec 26, 2017
2017年12月26日
星期二

十二月二十六日

【农历丁酉年　十一月初九】

明·商喜　　宣宗出猎图

WEDNESDAY, Dec 27, 2017
2017年12月27日
星期三

十二月二十七日

【农历丁酉年　十一月初十】

知过非难，改过为难；

言善非难，行善为难。

——《资治通鉴·唐德宗建中四年》

THURSDAY, Dec 28, 2017
2017年12月28日
星期四

十二月二十八日

【农历丁酉年　十一月十一】

清·吴毂祥　　听泉图

FRIDAY, Dec 29, 2017
2017年12月29日
星期五

十二月二十九日

【农历丁酉年　十一月十二】

无纾目前之虞，或兴意外之变。人者，邦之本也。财者，人之心也。其心伤则其本伤，其本伤则枝干颠瘁矣。

——《资治通鉴》

SATURDAY, Dec 30, 2017
2017年12月30日
星期六

十二月三十日

【农历丁酉年　十一月十三】

［法］莫奈　　荷兰田野中的风车

SUNDAY, Dec 31, 2017
2017年12月31日
星期日

十二月三十一日

【农历丁酉年　十一月十四】

2017

日	一	二	三	四	五	六
1 元旦	2 初五	3 初六	4 初七	5 小寒	6 初九	7 初十
8 十一	9 十二	10 十三	11 十四	12 十五	13 十六	14 十七
15 十八	16 十九	17 廿	18 廿一	19 廿二	20 廿三	21 廿四
22 廿五	23 廿六	24 廿七	25 廿八	26 廿九	27 除夕	28 春节
29 初二	30 初三	31 初四				

日	一	二	三	四	五	六
			1 初五	2 初六	3 立春	4 初八
5 初九	6 初十	7 十一	8 十二	9 十三	10 十四	11 元宵节
12 十六	13 十七	14 情人节	15 十九	16 廿	17 廿一	18 雨水
19 廿三	20 廿四	21 廿五	22 廿六	23 廿七	24 廿八	25 廿九
26 二月	27 初二	28 初三				

日	一	二	三	四	五	六
	1 劳动节	2 初七	3 初八	4 青年节	5 初十	6 十一
7 十二	8 十三	9 十四	10 十五	11 十六	12 十七	13 十八
14 母亲节	15 廿	16 廿一	17 廿二	18 廿三	19 廿四	20 廿五
21 小满	22 廿七	23 廿八	24 廿九	25 卅	26 五月	27 初二
28 初三	29 初四	30 端午节	31 初六			

日	一	二	三	四	五	六
				1 儿童节	2 初八	3 初九
4 初十	5 芒种	6 十二	7 十三	8 十四	9 十五	10 十六
11 十七	12 十八	13 十九	14 廿	15 廿一	16 廿二	17 廿三
18 父亲节	19 廿五	20 廿六	21 廿七	22 廿八	23 廿九	24 六月
25 初二	26 初三	27 初四	28 初五	29 初六	30 初七	

日	一	二	三	四	五	六
					1 十一	2 十二
3 十三	4 十四	5 十五	6 十六	7 十七	8 十八	9 十九
10 教师节	11 廿一	12 廿二	13 廿三	14 廿四	15 廿五	16 廿六
17 廿七	18 廿八	19 廿九	20 八月	21 初二	22 初三	23 秋分
24 初五	25 初六	26 初七	27 初八	28 初九	29 初十	30 十一

日	一	二	三	四	五	六
1 国庆	2 十三	3 十四	4 中秋节	5 十六	6 十七	7 十八
8 寒霜	9 廿	10 廿一	11 廿二	12 廿三	13 廿四	14 廿五
15 廿六	16 廿七	17 廿八	18 廿九	19 卅	20 九月份	21 初二
22 初三	23 初四	24 初五	25 初六	26 初七	27 初八	28 重阳节
29 初十	30 十一	31 十二				

鸡年吉祥

3

日	一	二	三	四	五	六
			1 初四	2 初五	3 初六	4 初七
5 惊蛰	6 初九	7 初十	8 妇女节	9 十二	10 十三	11 十四
12 十五	13 十六	14 十七	15 十八	16 十九	17 廿	18 廿一
19 廿二	20 春分	21 廿四	22 廿五	23 廿六	24 廿七	25 廿八
26 廿九	27 卅	28 三月	29 初二	30 初三	31 初四	

4

日	一	二	三	四	五	六
						1 初五
2 初六	3 初七	4 清明节	5 初九	6 初十	7 十一	8 十二
9 十三	10 十四	11 十五	12 十六	13 十七	14 十八	15 十九
16 廿	17 廿一	18 廿二	10 廿三	20 谷雨	21 廿五	22 廿六
23 廿七	24 廿八	25 廿九	26 四月	27 初二	28 初三	29 初四
30 初五						

7

日	一	二	三	四	五	六
						1 初八
2 初九	3 初十	4 十一	5 十二	6 十三	7 小暑	8 十五
9 十六	10 十七	11 十八	12 十九	13 廿	14 廿一	15 廿二
16 廿三	17 廿四	18 廿五	19 廿六	20 廿七	21 廿八	22 大暑
23 闰六月	24 初二	25 初三	26 初四	27 初五	28 初六	29 初七
30 初八	31 初九					

8

日	一	二	三	四	五	六
		1 初十	2 十一	3 十二	4 十三	5 十四
6 十五	7 立秋	8 十七	9 十八	10 十九	11 廿	12 廿一
13 廿二	14 廿三	15 廿四	16 廿五	17 廿六	18 廿七	19 廿八
20 廿九	21 卅	22 七月	23 处暑	24 初三	25 初四	26 初五
27 初六	28 七夕节	29 初八	30 初九	31 初十		

11

日	一	二	三	四	五	六
			1 十三	2 十四	3 十五	4 十六
5 十七	6 十八	7 立冬	8 廿	9 廿一	10 廿二	11 廿三
12 廿四	13 廿五	14 廿六	15 廿七	16 廿八	17 廿九	18 十月
19 初二	20 初三	21 初四	22 小雪	23 初六	24 初七	25 初八
26 初九	27 初十	28 十一	29 十二	30 十三		

12

日	一	二	三	四	五	六
					1 十四	2 十五
3 十六	4 十七	5 十八	6 十九	7 大雪	8 廿一	9 廿二
10 廿三	11 廿四	12 廿五	13 廿六	14 廿七	15 廿八	16 廿九
17 卅	18 冬月	19 初二	20 初三	21 初四	22 冬至	23 初六
24 初七	25 圣诞节	26 初九	27 初十	28 十一	29 十二	30 十三
31 十四						

图书在版编目（CIP）数据

日新录 / 新华出版社财经图书出版中心编. —北京：新华出版社，2016.11

ISBN 978-7-5166-2981-9

Ⅰ. ①日… Ⅱ. ①新… Ⅲ. ①历书－中国－2017 Ⅳ. ①P195.2

中国版本图书馆CIP数据核字（2016）第278445号

日新录

作　　者： 新华出版社财经图书出版中心

选题策划： 要力石　　**责任印制：** 廖成华
责任编辑： 徐光　江文军　陈光武　张永杰　　**责任校对：** 刘保利
封面设计： 李尘工作室　　**书名题字：** 要力石

出版发行： 新华出版社
地　　址： 北京市石景山区京原路 8 号　　**邮　　编：** 100040
网　　址： http：//www.xinhuapub.com
经　　销： 新华书店、当当网、亚马逊
购书热线： 010－63077122　　**中国新闻书店购书热线：** 010－63072012

照　　排： 李尘工作室
印　　刷： 北京凯达印务有限公司
成品尺寸： 145mm × 210mm　32开　　**字　　数：** 120千字
印　　张： 23.75
版　　次： 2016年12月第一版　　**印　　次：** 2016年12月第一次印刷

书　　号： ISBN 978-7-5166-2981-9
定　　价： 98. 00元